经典今解丛书

《茶经》与中国茶道

顾易◎著

广东高等教育出版社
Guangdong Higher Education Press
·广州·

图书在版编目（CIP）数据

《茶经》与中国茶道 / 顾易著. — 广州：广东高等教育出版社，2022.3
（经典今解丛书）
ISBN 978-7-5361-6992-0

Ⅰ.①茶…　Ⅱ.①顾…　Ⅲ.①茶文化-中国②《茶经》-研究　Ⅳ.①TS971.21

中国版本图书馆CIP数据核字（2021）第060638号

《茶经》与中国茶道
《CHAJING》YU ZHONGGUO CHADAO　　顾　易　著

出版发行	广东高等教育出版社 地址：广州市天河区林和西横路 邮编：510500　营销电话：（020）87551436 http://www.gdgjs.com.cn
排　版	书窗设计
印　刷	广东鹏腾宇文化创新有限公司
开　本	850 mm × 1 168 mm　1/32
印　张	3.875
字　数	124千
版　次	2022年3月第1版
印　次	2022年3月第1次印刷
定　价	28.00元

总 序

中华优秀传统文化历史悠久，博大精深，魅力无穷，是中华民族的“根”、中华民族的“魂”，是中华文化自信的源头、活水，也是中华民族的力量所在。

中华优秀传统文化是人类共有的精神财富，具有普遍意义。正如习近平总书记所说，中华优秀传统文化，“智慧光芒穿透历史，思想价值跨越时空，历久弥新，成为人类共有的精神财富”。

当下，有些人对中华传统文化的理解，大多局限于“中国结”“功夫”“舌尖”“手艺”等符号化、浅表性的平面维度上，缺乏对其精神内核、价值理念、道德思想和审美情趣的研究和学习，其实，这些才是中华优秀传统文化最宝贵、最核心的内容。而这些宝贵的精神思想和审美理念，蕴含于中华经典之中。

中华经典是中华优秀传统文化的"精华"，它是超越时空、超越国界的，以至能够回应当代人的生活之问。学习中华经典也是一个人寻求自我完善的最佳途径。唐朝宰相魏徵认为，经籍是圣贤智慧的结晶，可以用来领悟宇宙的奥妙，探究天地、阴阳的消息，端正世间的纲纪，弘扬人类的道德。一句话，中华经典可以使人拥有自由的头脑、独立的思考、丰富的心灵、高贵的灵魂、高超的智慧和审美的能力，是对真善美的关注和追求。可以说，读懂、读通几部经典可以受益一辈子。《易经》《论语》《道德经》《说文解字》《礼记》等书，过去虽然读过，但随着人生阅历的增长，又有新的感悟，这就是经典的魅力所在，让人温故知新，常读常新，加上这次是带着思考去读，广泛地涉猎各种版本，进行比较、审读，加以新的概括，收获就更大了。

然而，经典毕竟是几千年前的产物，随着时代的进步，有的内涵发生了变化，这就不能"食古不化"，而应在中华文化优秀基因的基础上，赋予其新的内涵并加以丰富和发展。这就需要进行"经典今解”。这个“今解”，也是“新解”，就是习近平总书记指出的进行“创造性转化、创新性发展”，具体来说：一是选择新的视角。经典的内涵是丰富的，全面的学习是一个基础。在此基础上，要观照当下，紧扣当今人们的精神呼唤，直面新需求、新问题，用新的视角去解读、去体悟，从中获得新的答案。二是实现新的转化。中华经典是历史的产物，时代的发展必然有新的语境、新的要求，为此，在转化中要“不忘本来”，不忘中华优秀传统文化的根脉，注入时代精神，赋予新的内涵，焕发其生机和活力；要“吸收外来”，以开放的心态，接纳世界优秀的文化，取长补短，博采众长，既不自卑，也不自大；“面向未来”，着眼于造福子孙万代和永续发展，为未来的发展厚实根基，提供不竭的精神动力和力量源泉。三是致力于超越。经典可以温故知新，思想文化的新发现，科学技术的新发明，为新思想、新观点创造了新条件，这就要在新的时代加以丰富和发展。正是基于以上的认识，我从几年前就开始着手进行了“经典今解”的写作。出版了《读〈易经〉悟为官智慧》《从〈中庸〉看处世智慧》《从〈礼记〉看中华礼仪文化》等八本书，2020年又写作了《〈易经〉与中国精神》《〈论语〉与志愿服务精神》《〈说文解字〉与汉字文化魅力》《〈千金要方〉与医学人文》《〈乐记〉与中国音乐美学》《〈茶经〉与中国茶道》等作品。

中华经典解读的书籍可以说是汗牛充栋，数不胜数。但大多是进行分段的解释、考证。本套“经典今解丛书”有别于其他经典解读的地方在于：一是紧扣中华优秀传统文化的精神标识、道德标识和文化标识。我认为这三个标识集中体现为：“天下为公”的社会理想、“天人合一”的生存智慧、“民为邦本”的为政之道、“民富国强”的奋斗目标、“公平正义”的社会法则、“和谐共生”的相处之道、“自强不息”的奋斗精神、“精忠报国”的爱国情怀、“革故鼎新”的创新意识、“中庸之道”的行为方式、“经世致用”的处世方法、“居安思危”的忧患意识、“威武不屈”的民族气节、“唯物辩证”的思维方式、“仁者爱人”的道德良心、“孝老爱亲”的家庭伦理、“敬业求精”的职业操守、“谦和好礼”的君子风度、“包容会通”的宽广胸怀、“诗书礼乐”

的情感表达。这些精神和思想，跨越时空，超越国度，富有永恒魅力，仍然具有当代价值。为此，解读不面面俱到，集中从某一个侧面，选择一个主题进行解读。二是观照当下。结合当代人的现实生活，从古鉴今，增强针对性，指导生活，学以致用，活学活用。三是力求通俗易懂。经典大多比较深奥难懂，为此，必须用现代的话语进行讲解，用讲故事的方法来阐述道理，同时，选择“讲座”的形式也是一种通俗解读的方法。

“经典今解丛书”的写作，让我再一次重温经典，对我来说是一次再学习。我不仅从中增长了知识，更为重要的是心灵的修炼，虽然辛苦，但又乐在其中。由于自己的能力、水平有限，本丛书一定存在一些缺陷和不足，期待得到读者的指正。

是为序。

作者于广州

2021年9月

《茶经》与中国茶道

绪　论 / 001

第一讲　“茶圣”：陆羽的传奇人生与《茶经》 / 011

一、“茶圣”陆羽的传奇人生 / 013

二、《茶经》的主要内容 / 019

三、《茶经》的主要贡献和现代价值 / 020

第二讲　茶名：“茶，南方之嘉木” / 031

一、“茶”字准确地表达了“茶”这一木本植物的特征 / 034

二、“茶”字准确地体现了其木本植物的药用功能 / 036

三、“茶”字揭示了“物我一体”的人文精神 / 038

第三讲　中国茶道核心精神："天地人和" / 043

一、茶质：讲求种、采、制的和谐统一 / 048

二、煮茶：茶、器、水的和谐统一 / 052

三、品茶：养生、养德、养心的和谐统一 / 064

第四讲　茶礼："精行俭德" / 069

一、茶礼的宗旨：传情 / 071

二、茶礼的神态：恭敬 / 075

三、茶礼的表现：仪态 / 077

第五讲　茶艺："精致雅美" / 081

一、茶的技艺：精妙 / 083

二、茶的艺术：雅趣 / 086

三、茶的境界：审美 / 106

参考文献 / 112

绪 论

寻常百姓的日常生活，首先要解决的是基本生活需求，即通常所说的“开门七件事”：柴米油盐酱醋茶。而文人雅士，其“生活七件宝”则是：书画琴棋诗酒茶。

清代诗人查为仁在《莲坡诗话》中记载了湖南人张灿的一首七言绝句：

书画琴棋诗酒花，当年件件不离它。

而今七事都更变，柴米油盐酱醋茶。

“书画琴棋诗酒花”，本来是大雅之事，当年乐在其中，何其风流潇洒，而今好景不再，“七事”全都发生了变化，大雅变成了大俗。不管是雅，还是俗，不管是普通百姓，还是文人雅士，生活中都有“茶”，可见，“茶”与人们的日常生活息息相关。

饱食之后，一杯清茶，荡涤肠胃，全身舒畅，神清气爽；闲暇之时，一杯清茶、一本好书，静静地阅读，享受心灵的恬淡和安静；有朋自远方来，煎茶迎客，一杯清茶，共叙友情，其乐融融；三五知己小聚，一壶清茶，谈天说地，海阔天空。茶已经成为寻常百姓家生活的一部分。茶、咖啡与可乐并称为世界三大非酒精类饮料，以其神奇的功效和魅力成为大众化的饮品。据调查，目前全球产茶国和地区达60多个，超过20亿人喜欢饮茶。为推动全球茶产业的持续健康发展，促进茶文化交融互鉴，让更多的人知茶、爱茶，共品茶香茶韵，2019年11月，联合国大会把每年的5月21日确定为“国际茶日”。

中国是产茶大国，也是茶叶消费大国。广东人更是喜欢喝茶，在广州“一盅两件”喝早茶成为不少市民的生活习惯，尤其是潮汕地区，饮茶更是城乡的一大景观。走进潮汕的大街小巷，庭院厅堂，随处可见主人摆出精致的茶具，烧水泡茶，高冲低斟，品茶聊天，其乐融融，这就是享誉中外的潮汕工夫茶。

潮汕工夫茶，对潮汕人而言，可以说是“不可一日无此君”。潮汕人把茶叶叫作“茶米”，意思是说，茶和米一样是必备的生活材料。清代诗人丘逢甲曾诗咏工夫茶：“曲院春风啜茗天，竹炉榄炭手亲煎。小砂壶瀹新鷃嘴，来试湖山处女泉。”潮汕工夫茶以其精致考究和文雅而闻名，被列入国家非物质文化遗产名录。

中国是茶的故乡，是茶文化的发源地和传播中心。据考，中国人饮茶的历史已有四千多年。“茶之为饮，发乎神农氏，闻于鲁周公。”神农就是炎帝，是中华民族的祖先之一，是茶的最早发现者。据说“神农尝百草，日遇七十二毒，得荼（茶）而解之”，神农误食百草，是吃了茶叶以后才解了毒，神农把解毒的植物取名为“荼”，即开花结籽的植物，并把它作为部落的“圣药”。

茶叶在唐代日益兴盛，产茶遍及东西南北，茶类品名异彩纷呈，奠定了中国茶文化的基础。在唐代，日本僧人最澄大师从中国带茶籽回国，将茶叶传播到日本，从此，中国茶道开始走向了世界。

到了宋代，产茶重心开始南移，闽南、岭南一带成为茶叶产地。1107年，宋徽宗赵佶撰写《大观茶论》，成为中国历史上第一位论述茶学、倡导茶文化的皇帝。从此，饮茶上升为一种品赏艺术。

《烹茶图》

明朝的开国皇帝朱元璋体恤百姓疾苦，“罢龙团凤饼，唯采芽茶以供”，取消了劳民伤财的龙团凤饼，茶叶采制由饼茶转化为以散茶为主，茶叶炒制技术进入了新阶段。

到了清朝，茶已成为人们日常生活不可或缺的饮品。这时的茶叶种类日趋多样化，有绿茶、白茶、黄茶、乌龙茶、黑茶、红茶、花茶等，饮茶方式也由煎茶渐变为泡茶。与此同时，茶叶开始向荷兰、英国等国家出口，茶叶、陶瓷与丝绸成为中国三大出口商品，中国茶叶正式进入欧洲市场。

伴随着漫长的历史发展过程，品茶作为人们的一种生活方式，逐步形成一套独特的，融精神、礼仪、沏泡技艺为一体的茶道样式。如果说中华文明是一条浩浩荡荡的万里长河，那么，茶文化则是这条长河中明净而意韵绵长的一个支流。

中国人在漫长的饮茶生活中，探索、积累和总结了中国茶道。那么，什么是茶道？看法很多，见仁见智，莫衷一是。

庄晚芳先生说，茶道是一种通过饮茶的方式，对人民进行礼法教育、道德修养的一种仪式。他认为中国茶道的基本精神是“廉、美、和、敬”，他把中国茶道作为教化之道。

吴觉农先生认为，茶道是把茶视为珍贵、高尚的饮料，因茶是一种精神上的享受，是一种艺术，或是一种修身养性的手段。他把茶道作为养生之道、艺术之道、修养之道。

陈香白先生则把茶道扩到更广的范围，概括为“七艺一心”，“七艺”即“茶艺、茶德、茶礼、茶理、茶情、茶学说、茶道引导”，“一心”即茶道的核心精神是“和”。他认为茶道就是通过茗茶的过程，引导个体在美的享受过程中完成品格修养，以实现全人类和谐安乐之道。

周作人先生则认为茶道即生活，不可把茶道讲得过于玄妙，他说：“茶道用平常的话来说，可以称作为忙里偷闲，苦中作乐，在不完全现实中享受一点美与和谐，在刹那间体会永久。”他把茶道作为生活享受之道。

可见，对“道”的理解不一样，对“茶道”的理解也有差别。儒家认为“率性谓之道”，道家认为“道可道，非常道”，佛家认为“道由心悟”。但我们也不要把“道”看成虚无缥缈的东西。我认为中国茶道主要体现在三个方面：一是具有中国特色的，即体现了中国的文化精神、文化传统和文化样式，与日本、韩国等其他国家既有相通的地方，也有所差别；二是茶之“道”，不是“器”“术”，是规律、法则，是价值观、人生观、道德观、审美观；三是茶道是以茶载道、以茶行道、以茶修道、以茶得道，是一种关于泡茶、品茶和悟茶的艺术，也是一种修身养性、养生怡情、求真审美的方式。因此，中国茶道可以概括为具有中国特色的茶之神、茶之德、茶之礼、茶之艺，是天道、地道与人道的统一，是人们以茶作为依据的健康养生之道、修心养性之道、文化艺术之道。

《红楼梦》也多次用细腻的笔触，描述了“茶与人品，人品与茶具，以茶待人，以茶赔礼”等文化，可以称之为茶美学。据著名红学家周汝昌先生研究考证，《红楼梦》全书中，写到茶道的地方多达279处、咏茶道诗词楹联23处、与“茶”相关字词出现频率高达1520余次，涉及茶名、茶具、茶水、茶食、茶俗、茶礼、茶诗等。

《红楼梦》第六十二回“憨湘云醉眠芍药裀”

有一段“茶事”的描写：

宝玉正欲走时，只见袭人走来，手内捧着一个小连环洋漆茶盘，里面可式放着两钟新茶，因问：“他往那去了？我见你两个半日没吃茶，巴巴的倒了两钟来，他又走了。”宝玉道：“那不是他？你给他送去。”说着自拿了一钟。袭人便送了那钟去，偏和宝钗在一处，只得一钟茶，便说：“那位渴了那位先接了，我再倒去。”宝钗笑道：“我倒不渴，主要一口漱一漱就够了。”说着先拿起来喝了一口，剩了半杯递在黛玉手内。袭人笑说：“我再倒去。”黛玉笑道：“我知道我这病，大夫不许我多吃茶，这半钟尽够了，难为你想的到。”说毕，饮干，将杯放下。

从这段描写中，可以看到富贵人家对饮茶的考究，茶盘是“小连环洋漆”的，茶不但可以用来喝，也可以用来漱口。可见，茶与生活息息相关。

唐人陆羽积一生之经验，写出了《茶经》一书，这是中国乃至世界现存最早、最完整、最全面介绍茶的一部专著，也是一部系统阐述中国茶道的专著。

陈师道在《茶经序》里写道：“夫茶之著书自羽始，其用于世亦自羽始，羽诚有功于茶者也。”

陆羽的《茶经》不但从科学的角度介绍了茶叶的种植、制作，而且从文化的角度讲述了如何煮茶、品茗，揭示了茶的精神实质、道德品格、礼仪规范和审美范式，是了解中国茶道必读的一部经典。

由于潮汕工夫茶在茶道中最为考究和精致，最具代表性。为此，本书以《茶经》为范本，结合《红楼梦》中对中国茶道的描述和潮汕工夫茶，对中国茶道的精神、品质、礼俗、技艺逐一做介绍。

《山茶花小禽图》

第一讲　『茶圣』：陆羽的传奇人生与《茶经》

讲《茶经》与中国茶道，首先要了解《茶经》的作者、《茶经》的内容及现代价值。

《品茶图》 陈洪绶 画

一、“茶圣”陆羽的传奇人生

陆羽成为“茶圣”，与他的传奇人生是分不开的。他的人生可以用三个短语来概括：苦难的童年，研学的青年、中年，隐逸的晚年。

（一）苦难的童年

陆羽是个弃儿。据陆羽的《陆文学自传》记载，陆羽称自己不知所生，三岁时被遗弃野外，唐开元二十一年（733），被竟陵龙盖寺住持智积禅师收养于寺。抱回孩子以后，智积禅师用《易经》算了一卦，得“渐”卦，卦辞上九曰：“鸿渐于陆，其羽可用为仪，吉。”意思是说，大雀经过“渐”的过程，羽翼丰满，可以展翅高飞了。他展开翅膀，羽毛是那样美丽、吉祥。于是，禅师按卦辞给他定姓为“陆”，取名为“羽”，字鸿渐。这是陆羽姓名的来历。

智积禅师喜欢饮茶，深谙煮茶之道。陆羽耳濡目染，七八岁时，已能煮出一手好茶。九岁时，师父智积想让他学佛，“示以佛书出世之业”。但陆羽也许与“佛”无缘，一心向往儒学，智积屡教不从，因而就用繁重的“贱务”磨炼他，罚他“扫寺地，洁僧厕，践泥污墙，负瓦施屋，牧牛一百二十蹄”，希望他能回头悔悟。但陆羽并没有屈服，反而激起了强烈的求知欲望，他无纸学字，便以竹划牛背为书，一边干活一边默诵所学。

十二岁那年，陆羽不堪重活，逃寺而去，在当地一个戏班学唱戏、弄木人，以演戏为生，显示了他的表演天赋，他表演的角色幽默机智，扮演丑角尤其成功。746年，竟陵太守李齐物在一次观看演出中十分欣赏陆羽的表演才华，推荐他到隐居于火门山的邹夫子那里学习，接受系统的中国文化教育。752年，陆羽学成回到了竟陵，步入了人生的青年阶段。

（二）研学的青年、中年

从青年到中年，陆羽与茶结下了不解之缘，痴迷于茶道的研学。他远游巴山峡川，采茶品水，逢山驻马采茶，遇泉水下鞍品水。为此，进入了研学的青年、中年。

一个人的人生际遇往往与自己所遇见的人相关。青年的陆羽与贬官崔国辅因茶而结缘，“相与较定茶，水之品”。崔国辅是当时有名的诗人，他与陆羽都有共同的嗜好——饮茶。两人结伴出游三年，品茶论水，诗词唱和，其乐无穷。

天宝十四年（755）发生了“安史之乱”，大批北方人南迁以避战祸，陆羽随着大批难民迁徙，同时也开始了他“寻遍天下好茶”之旅。考察了各地茶树的历史、品种、质量和分布后，他描绘了一幅好茶产地之优劣图。《茶经·一之源》曰：“其地，上者生烂石，中者生砾壤，下者生黄土。凡艺而不实，植而罕茂，法如种瓜。三岁可采。野者上，园者次。阳崖阴林，紫者上，绿者次；笋者上，芽者次；叶卷上，叶舒次。阴山坡谷者，不堪采掇，性凝滞，结瘕疾。”这段话讲了三层意思：一是茶的质量与土壤有很大的关系。上等茶（如岩茶）生长在山石间积聚的土壤上，这类土质包含微量元素丰富，为茶树吸收，质量上乘。中等茶生长在砂壤土中，下等茶生长在黄泥土中。二是茶的种植方法正确与否关系到茶树的好坏。大凡种茶时，如果用种子播植却不踩踏结实，或是用移栽的方法栽种，很少能生长茂盛的。应该用种瓜法种茶，一般种植三年后，就可以采摘。三是指出了茶叶好坏的评判标准。野生茶叶的品质好，田园里的人工种植次之。向阳山坡有林木遮阴的茶树：茶叶紫色的好，绿色的差；茶叶肥壮如笋的好，新芽展开如牙板的差；芽叶边缘反卷的好，叶缘完全平展的差。生长在背阴的山坡或谷地的茶树，不可采摘，因为它的性质凝滞，喝了会使人生腹中结块的病。

760年，陆羽游学到了浙江湖州。他在路过杼山妙喜寺时，进入寺内歇息讨杯茶喝，刚啜一口，满口清香，他不由赞叹：“好茶，好茶！”

陆羽问：“这是谁煮的茶？”

僧人回答：“皎然师傅。”

皎然禅师既是名僧、诗人，又是茶僧。他曾写了《饮茶歌诮崔石使君》一诗赞誉剡溪茶清郁秀气的香气、甘露琼浆般的滋味。诗曰：“一饮涤昏寐，情来朗爽满天地。再饮清我神，忽如飞雨洒轻尘。三饮便得道，何须苦心破烦恼。”

陆羽对皎然大师无比钦佩，决定拜皎然为师。

两人一见如故，遂结为忘年之交。于是，陆羽在妙喜寺住了下来，他教皎然大师种茶、养茶、识茶，皎然大师教他烤茶、制茶、煮茶、品茶。

在妙喜寺的两年里，陆羽总结了“采、蒸、

捣、拍、焙、穿、封”的制茶七道工序，收获了煮茶的秘诀。

唐代宗大历二年至大历三年间（767—768），陆羽遍访名山大川，考察研究煮茶之水。陆羽在《茶经·五之煮》中说：“其水，用山水上，江水次，井水下。”他把山水的等级做了区分，“其山水拣乳泉，石池漫流者上；其瀑涌湍漱，勿食之。久食，令人有颈疾。又水流于山谷者，澄浸不泄，自火天至霜郊以前，或潜龙蓄毒于其间。饮者可决之，以流其恶，使新泉涓涓然，酌之”。陆羽对煮茶之水很讲

《陆羽烹茶图》 赵原 画

究，认为甘美的泉水为上乘，而不能饮用急流奔腾回旋之水、静止不流动的山谷之水、从炎热至秋天霜降之水。陆羽品水达到了出神入化的程度，他可以判断江心之水和江岸之水的差别。

（三）隐逸的晚年

760年，陆羽在盛产名茶的湖州苕溪结庐隐居，并以此为据点，每年都背着采制茶叶的工具前往湖、苏、常、杭、越等地深山中采制春茶，向茶农学习，考察茶叶生产。他把游历考察的见闻加以记录、总结、提炼，开始写作《茶经》一书。780年，世界上最早的一部茶叶专著《茶经》问世，陆羽总结了茶之十事，使茶叶从一种饮料上升为一种道、一种文化。由此，陆羽也被称为“茶圣”。

陆羽一生嗜茶，精于茶道、工于诗词、善于书法，尤其是茶学修为深厚，朝廷曾先后两次诏拜陆羽为“太子文学”和“太常寺太祝”，但陆羽无心于仕途，拒官游学，醉心于品泉问茶，放逸于名山大川，成为唐代饮茶风尚的倡导者、中国茶道发展的奠基者。

二、《茶经》的主要内容

陆羽的《茶经》，在深入考察实践的基础上，用科学的态度，对茶树的产地、形态、栽培、生长环境，茶的种植、采摘、加工，制茶、茶具、药理、品用、文化、茶产区划和品质评鉴等都做出细致的分析和介绍，可以说是一部“茶叶百科全书”。学习茶道，要从学习《茶经》开始。

《茶经》全书7000多字，分上、中、下三卷、十章。

卷上“一之源”，讲述了茶树的植物学性状，茶树生长的自然条件、栽培方法、品质及饮茶的俭德之性；讲述了“茶”字的构造及同义字。

“二之具”，主要讲述采茶、制茶的用具和用法。

“三之造”，主要论述采制茶的节令、时间和制茶工序。

卷中“四之器”，主要讲述煮茶、饮茶的24种器具的制作、使用方法和对茶汤品质的影响，提出了要注重茶器实用性和艺术性的要求。

卷下“五之煮”，讲述了沏茶的方法，各地水质对茶汤的色、香、味的影响。

“六之饮”，讲述了饮茶的风俗习惯和历史，是对茶礼的系统概括，推崇饮茶之法是清饮。

“七之事”，是篇幅最大的一章，详记历史人物饮茶之事，茶用、茶药方、茶诗文等文献，是茶艺术的集中阐述。

“八之出”，叙述和比较了我国茶叶的产地和茶叶的品质。

“九之略”，列举了在深山、野寺、泉涧边、岩洞诸种环境中可以省略的一些加工过程和茶具、茶器，指出不必机械照搬照用，体现了陆羽经世致用、灵活变通的处事之道。

“十之图”，主要讲用绢素书写《茶经》，以便让人默识目染，了然于胸，便于操作。

三、《茶经》的主要贡献和现代价值

《茶经》作为世界上第一部茶书，被后人奉为茶文化的经典，受到了高度评价。唐末皮日休在《茶中杂咏·序》中说：“岂圣人之纯于用乎？抑草木之济人，取舍有时也……季疵始为经三卷，由是……命其煮。饮之者除痟而去疠，虽疾医之不若也。其为利也，于人岂小哉！”皮日休认为陆羽撰写了《茶经》，发现了茶作为草本之精华，使人类受益，其贡献是巨大的。

北宋诗人梅尧臣在《次韵和永叔尝新茶杂言》一诗云：“自从陆羽生人间，人间相学事春茶。”高度评价了陆羽对中国茶道的贡献。

北宋欧阳修《集古录》：“后世言茶者必本陆鸿渐，盖为茶著书自其始也。”

明代陈文烛在《茶经序》中甚至以为：“人莫不饮食也，鲜能知味也。稷树艺五谷而天下知食，羽辨水煮茗而天下知饮，羽之功不在稷下，虽与稷并祠可也。”他把陆羽对茶的发现提到了“稻、黍、稷、麦、菽”五谷同等重要的地位。那么，《茶经》的贡献和现代价值表现在哪里呢？我认为概括起来有如下几个方面。

（一）陆羽用科学理性精神揭示了茶对人的生命的价值和意义

陆羽对茶的种植、制作、饮用，始终建立在科学的基础上，贯穿天时、地利和人和。陆羽用中国传统文化中“天人合一”的理念去研究、指导茶道。

首先，他强调要适“天时”，做到采之以时，选之以时，投之以时，沏之以时，饮之以时。他在《茶经》中指出了采茶的最佳时间，指出春茶为上，“凡采茶，在二月、三月、四月之间”，大地回春，百草吐芽，生机勃发，这时茶树的嫩芽为最优。陆羽对茶的等级做了科学的判断，“阳崖阴林：紫者上，绿者次；笋者上，牙者次；叶卷上，叶舒次”。向阳的山崖种植的茶为优，这是因为茶叶受到了阳光的照射，吸收了大量的氧气，质量较好。陈椽在《茶经论稿序》中说：“茶树种在树林阴影的向阳悬崖上，日照多，茶中的化学成分茶多酚类物质也多，相对地叶绿素就少，阴崖上生长的茶叶却相反；阳崖上多生紫牙叶，又因光线强，牙收缩紧张如笋，阴崖上生长的牙叶则相反。所以古时茶叶质量多以紫笋为上。”在茶的采制上，指出了“其日，有雨不采，晴有云不采。晴，采之、蒸之、捣之、拍之、穿之、焙之、封之，茶之干矣”。在这里陆羽指出采茶的时间和“七道”制作工艺。陆羽在茶器中，用《易经》的坎、巽、离三卦，讲述了煎茶的三大元素：坎水在上部的锅中，巽风从炉底之下进入助火之燃，离火在炉中燃炉，描写煎茶的图景。煎茶必须“五行”俱全，才能煎出好茶。茶为嘉木，是木；以锅炒杀青，是金；煮茶用火，这是火；冲泡用水，这是水；以陶或瓷盛之，这是土。一杯茶中，金木水火土皆全，博取阴阳五行的精华灵气，具有养心养性之功效。

其次，他强调要“择地利”。他在《茶经》论述茶质与土壤的关系时指出：“上者生烂石，中者生砾壤，下者生黄土。”这一观点为现代科学证明是正确的。“一方水土养一方人”，一方土质决定茶树的品质。每一个产茶区适合种植什么样的茶树，是由当地的土壤、气候等自然因素决定的。土地的微量元素的含量和肥沃程度决定了茶叶的质量。因此，名茶皆出自于名山。

再次，他强调要“求人和”。陆羽认为品茶的要旨在于一个“和”字，追求人的身心和谐，既温和脾胃，润泽五脏，又神清气爽，淡泊清雅；追求人与人和谐，在品茶中增进感情，融洽相处，得神、得趣、得味。

陆羽以科学的态度去考察茶，把茶道上升为天道、地道和人道，坚持以人为本的价值理念，以人的生命健康为依归，充分发挥了茶这一植物对人的生命的价值和意义。

（二）陆羽用人文精神去研究分析茶，从养生提升到养性、养德、养心的思想道德境界

陆羽把茶融入中国传统文化精神，让人们在品茶中提升思想境界和道德情操。他在《茶经·一之源》中说："茶之为用，味至寒，为饮，最宜精行俭德之人。"指出了茶的功用在于使人修身养性、清净无为、生活简朴、为人谦逊。在《茶经·七之事》中列举了不少有关修身养德的事例，以茶德来倡导人们要崇俭清廉，使茶成为节俭戒奢和廉洁的象征。

《茶经》举例《晏子春秋》的记载："婴相齐景公时，食脱粟之饭，炙三戈五卵、茗菜而已。"晏婴虽身为国相，但是生活简朴，以糙米、茗茶为主食。

《茶经》又列举《晋中兴书》："陆纳为吴兴太守时，卫将军谢安尝欲诣纳，纳兄子俶怪纳无所备，不敢问之，乃私蓄十数人馔。安既至，所设唯茶果而已。俶遂陈盛馔，珍羞必具。乃安去，纳杖四十，云：'汝既不能光益叔，奈何秽吾素业？'"《晋中兴书》记载了这样一件事，陆纳任吴兴太守时，卫将军谢安前往拜访。陆纳的侄子陆俶感到纳闷，有贵客来访，太守什么也没有准备，他不敢询问，便

私自准备了十多人的菜肴。谢安来后，陆纳仅仅用茶和果品招待。陆俶于是摆上丰盛的菜肴，各种精美的食物都有。等到谢安走后，陆纳责罚陆俶四十棍，说："你既然不能给叔父增光，为什么还要玷污我清白的操守呢？" 陆俶好心办了坏事，其错有二：一是自作主张，没有请示私自准备了菜肴；二是不了解陆纳节俭的品性，过于铺张。

中国有一个以茶代酒的习俗。《三国志》曾有一个记载：三国时期，吴国的国君孙皓特别爱酒，达到嗜酒的地步，每次宴请宾客时，都大设酒宴，不醉不归。当时，吴国有个文韬武略的大臣韦曜，很得孙皓赏识，但是他偏偏酒量不大，一喝就醉，醉了不是耍酒疯，就是大病一场。孙皓虽然嗜酒，但却也是个爱才的国君。此后，每次设酒宴，孙皓就请人暗中把韦曜喝的酒换成汤色相似的茶，以免韦曜醉酒伤身。

酒是由粮食造出来的，是含酒精的饮料，多饮既浪费粮食，又伤害身体。而喝茶对于人来说，能提神醒脑、开胃消滞，因此茶是更有益于人的身心健康的饮品。

陆羽在《茶经》中汲取儒、佛、道的思想，把饮茶从

《山茶花图》 陈淳 画

自然境界上升为人文境界，要求以茶修德，以茶修心。

唐末刘贞亮把茶的功用归结为“十德”：“以茶散郁气，以茶驱睡意，以茶养生气，以茶除病气，以茶利礼仁，以茶表敬意，以茶尝滋味，以茶养身体，以茶可行道，以茶可雅志”（刘贞亮：饮茶《十德》），把这十个方面作为饮茶所追求的人文精神的目标，引导人们提升思想境界和道德情怀。

（三）陆羽用艺术的追求把饮茶从道德修养上升为审美的层次

陆羽在《茶经》中，通过对茶的品类、用具、用水、烹煮方法和品饮环境的研究和介绍，把茶道提升到合乎科学、卫生、美感要求的技术、方法、规则，使饮茶活动成为美化生活、陶冶情操的文化艺术享受。他在《茶经·六之饮》中，要求饮茶要达到“至妙”“精极”的境界，使饮茶超越了生理需求的层面，达到一种精神享受的层面。他说：“于戏！天育万物，皆有至妙，人之所工，但猎浅易。所庇者屋，屋精极；所著者衣，衣精极；所饱者饮食，食与酒皆精极之。茶有九难：一曰造，二曰别，三曰器，四曰火，五曰水，六曰炙，七曰末，八曰煮，九曰饮。”陆羽在这里说，天生万物，都有它最精妙之处，人们所擅长的都只是那些浅显易做的。居住的屋、穿着的衣，食物和酒都精美极了。而茶要做到精致则有九大难点：涉及制作、识别、器具、用火、择水、烤炙、研末、烹煮、品饮等。陆羽认为中国茶道重在品茶的精妙、精致，他把饮茶的过程作为清雅、恬静、淡洁的雅趣，作为精美器物的玩赏，从中享受茶的乐趣、情趣。

《茶经》不但是中国传统文化重要的组成部分，在中国有巨大的影响，而且对世界茶文化的发展也有很大的影响。在中国的出口产品中，陶瓷、茶叶和丝绸是中国的三大品牌，茶成为中西文化交流的媒介之一。中国不但有一条丝绸之路，而且有一条玉帛之路、陶瓷之路、茶叶之路。据记载，在南北朝时期就开始有了茶叶贸易，到唐代开始大量以马易茶，这就是著名的“茶马互市”，并造就了后来的“茶马古道”。“茶马古道”以川藏道、滇藏道两条大道为主线，成为向世界传播的陆上之道。同时，也有一条海上茶道。明代郑和下西洋开辟了中国的海上茶叶之路，茶商通过大海向世界多地销售茶叶。17世纪，葡萄牙的凯瑟琳公主嫁给英国国王查理二世，酷爱茶叶的她将中国红茶引入欧洲皇室，中国茶叶在欧洲被广为推崇，并演变成后来西方的下午茶。伴随着陆上、海上日益繁荣的茶叶贸易，《茶经》也向海外传播，17世纪以后，《茶经》陆续被翻译成英、法、德、意多种文字，《茶经》受到国外许多学者的高度评价。英国人威廉·乌克斯在《茶叶全书》中说：“中国学者陆羽著述第一部完全关于茶叶的书籍，于是在当时中国农家以及世界有关者，俱受其惠。”

茶饮作为一种生活方式，其形态是千姿百态的；茶作为一种文化，又有着深邃的内涵。唐代诗人杜甫说：“寒夜客来茶当酒，黄泥小炉火初红；从前一样窗前月，才有梅花便不同。”诗人白居易说：“坐酌冷冷水，看蒸瑟瑟尘；无由持一碗，寄与爱茶人。”唐代诗人卢仝认为饮茶可以进入“通仙灵”的奇妙境地；韦应物誉茶“洁性不可污，为饮涤尘烦”；宋代苏东坡将茶比作“从来佳茗似佳人”；明人顾无庆谓“人不可一日无茶”；近代鲁迅说品茶是一种“清福”；法国大文豪巴尔扎克赞美茶“精细如拉塔基亚烟丝，色黄如威尼斯金子，未曾品尝即已幽香四溢”；日本高僧荣西禅师称茶“上通诸天境界，下资人伦”；英国女作家韩素音说“茶是独一无二的真正文明饮料，是礼貌和精神纯洁的化身”。

今天，“茶”已经走进了寻常百姓家，人们不但获得了健康的生活，而且也获得情操的陶冶、精神的提升和美的享受。

《宣化下八里辽代壁画墓·备茶图》局部

第二讲　茶名：『茶，南方之嘉木』

讲中国茶道，要知道“茶”字的由来，事实上，古人选择的“茶”字已蕴含了茶道的内涵。

“茶”字的广泛使用和获得大家的认同，陆羽功不可没。

“荼”，形声字。“荼”与“茶”本是同一字。《说文·艸部》：“荼，苦荼也。从艸，余（涂）声。”徐灏《段注笺》：“《尔雅》荼有三物。其一，《释艸》：‘荼，苦菜。’即《诗》之谁谓荼苦’，‘堇荼如饴’也。其一，‘蔈（白茅的花穗）、荂，荼。’茅秀也。《诗》‘有女如荼’，《吴语》‘吴王白常白旗白羽之矰，望之如荼’是也。其一，《释木》：‘槚，苦荼。’即今之茗荈（粗茶，泛指茶）也。”“荼”的含义有三个，分别指苦菜、白蒿和茶。顾炎武《日知录》卷七：“荼

《群仙集祝图》 汪承霈 画

字，自中唐始变茶。”陆羽《茶经·一之源》：“其字，或从草，或从木，或草木并。”茶字，从字形、部首上来说，有属草部的，如《开元文字音义》；有属木部的，写作“木茶”，见于《本草》；也有并属草、木两部的，写作“荼”，见于《乐雅》。又说：“其名，一曰茶、二曰槚，三曰蔎，四曰茗，五曰荈。”茶的名称有五个之多，一是茶，二是槚，三是蔎，四是茗，五是荈。由于中国地大物博，方言众多，茶的名称也不少，出现了“一物多名”的现象。在这五个名称中，槚、蔎、荈由于很少用，已变成了生僻字，只有“茗”还常见。“品茗”也就是“喝茶”的文雅的说法。茶之名带有地域的特征，扬雄说：“四川西南人称茶为蔎。”茶之名因采摘的时间不同有所区别，郭璞说：“早采的称为茶，晚采的称为茗，也有的称为蔎。”

“荼”与“茶”在唐代以前并用，陆羽在写作《茶经》时，通篇采用了“茶”字，而不用“荼”，其目的就是不让人产生混淆。陆羽把书名定为《茶经》，对“茶”字的推广起到巨大的作用。《茶经》成书半个世纪之后，“茶”字为大众所认同，其他的曾用名也就退出了历史舞台。陆羽统一“茶”的名称意义非凡，体现了中国茶道的内涵。我认为“茶”字本身就是一部“茶”植物学和文化史。

一、“茶”字准确地表达了“茶”这一木本植物的特征

陆羽在《茶经·一之源》说：“茶者，南方之嘉木也。一尺、二尺乃至数十尺。其巴山峡川有两人

合抱者，伐而掇之。其树如瓜芦，叶如栀子，花如白蔷薇，实如栟榈，蒂如丁香，根如胡桃。”陆羽从植物学的角度，对茶的产地、形、体、貌、根做了概括，指出：“茶，是南方地区一种美好的木本植物，树高一尺、二尺以至数十尺。在巴山峡川一带，有树围达两人才能合抱的大茶树，将枝条砍削下来才能采摘茶叶。茶树的树形像瓜芦木，叶子像栀子叶，花像白蔷薇花，种子像棕榈子，蒂像丁香蒂，根像胡桃树根。”陆羽选用“茶”字，体现了“茶”是木本植物而不是草本植物的自然特性。

第一，茶是生长在南方的多年木本常绿植物，主要分布在热带或亚热带地区。

第二， 茶的树形有乔木型、小乔木型，树高在1～3米之间，植株高大。

第三，茶的叶子像栀子叶，呈椭圆形、披针形。

第四，茶的花多为白花，大多在10～11月开花，即秋天开白色花。

第五，茶的果为蒴果，果实一般为三室，每室1～2粒种子，呈黑褐色，少有光泽，富有弹性。茶籽可以榨成茶籽油，富有营养价值。茶籽做枕头，具有舒适的保健作用。

第六，茶的芽是枝、叶、花的原生体，位于枝条顶端，是人们用来加工茶的原料，是最有价值的部位。

陆羽采用了“茶”字，充分地体现了“茶”这一木本植物地下的根和地上的茎、叶、花、果的自然特征和生长特点，是比较科学、准确的。

二、“茶”字准确地体现了其木本植物的药用功能

“茶”音通“渣”，其声表示茶泡饮后成渣。“茶”从“艸”，表示为木本草植物这一属性。“荼”字，虽然仅多了一笔，但其意义相差甚远。“荼”是一种茅草、芦苇之类的白花，如成语“如火如荼”，表示像火那样红，像荼那样白，原比喻军容之盛，现用来形容事物的兴盛或气氛的热烈。“荼”也指深毒、苦痛，“荼毒生灵”指残害百姓。“荼”音通“涂”，指生灵涂炭，可见，“茶”与“荼”的意义差别是很大的。选用“茶”更加准确，“茶”是

《斗茶图》 刘松年 画

造福人类而不是"荼毒"人类。茶在春秋以前，以其独有的药用而受到人们的关注。

《神农本草》记载："神农尝百草之滋味，水泉之甘苦，令民知所避就，当此之时，日遇七十毒，得茶而解之。""茶味苦，饮之使人益思，少卧，轻身，明目。"

我们的祖先在寻找食物药物的实践过程中发现茶可以解毒。如白茶效果同犀角，白茶有"一年为茶，三年为药，七年为宝”的说法，在福鼎有一座山叫太姥（mǔ）山，山上有一个太姥的雕塑，是专门用来纪念古代用白茶给孩子治病的老人，叫母姥。

我国历史上有一个寿命最长的皇帝，叫乾隆，89岁那年他退位当上了太上皇。在退位的宴会上，有一个老臣对乾隆说：“国不可一日无君”，乾隆哈哈大笑说“君不可一日无茶”。由此可见乾隆对茶的重视程度。铁观音这一茶名就是乾隆起的，乾隆看着茶叶外形很紧，像铁一样，同时形状像观音，所以起名叫“铁观音”。

在众多茶叶中，乾隆偏爱绿茶，这也是乾隆长寿的原因之一。绿茶是不发酵茶，含有非常多的茶多酚。茶有一定的保健功能。因此，用“茶”代替“荼”科学地反映了茶的药用价值。

三、“茶”字揭示了“物我一体”的人文精神

有一则谜语，谜面为“人在草木中”，谜底即是“茶”字。人在草木中，体现了茶的价值在于人的

参与，茶是“物我一体”的自然之道和人文之道的融合，品茶既是品茶之味，也是品人生之味。“天育万物，皆有至妙”，茶的种、采、制、饮皆契合自然之道，也应体现人文精神，正如宋徽宗在《大观茶论》中所说：饮茶要“祛襟涤滞，致清导和”，“冲澹闲洁，韵高致静”。“茶”字体现了茶道与人道的统一。饮茶不仅是为了解渴，也为丰富精神文化生活，茶道体现了人文精神、道德情操、礼俗规范、审美过程。茶性即人性。品茶讲究真茶、真香、真味，又要真心、真性、真意。茶品即人品。茶有清、香、洁、和之性，品茶讲究“清、香、甘、淡”，清：自然灵秀，形色俱清；香：清出如兰，沁人心脾；甘：其甘如荠，苦尽甘来；淡：淡而有味，君子之交。与之相适应的人品则是“清、雅、简、淡”，清：神清气爽，清正廉明；雅：谦恭儒雅，君子风发；简：豁朗简约，不逾俗礼；淡：随遇而安，自甘淡泊。茶道也即人道。自古以来，人们品茶就是品人生。一杯泡好的茶，必须耐心等候，等候适宜的温度，防止热茶伤嘴，冷茶伤胃，等候是人生能力、经验、智慧的积蓄，是时机的把握；一杯泡好的茶，必须一口一口地品，细细地体悟其中的色、香、味。品茶的过程，也是品味人生的过程，人生的幸福感受正是在这个过程中的体悟，每个成长的阶段都有不同的感受，只有细细地体悟，才能不辜负岁月；一杯泡好的茶，喝入口中，先得其苦，后得其甘。人生只有经历苦的体悟，才知道甘的珍贵。茶道可以让我们从中悟到许多人生的道理。

《萧翼赚兰亭图》 阎立本 画

从以上三个方面看，用“荼”字规范“茶”的名称，体现了茶的自然属性、特殊功能和本质精神，具有深远的意义。从这个意义上看，陆羽做出了巨大的贡献。

《萧翼赚兰亭图》 阎立本 画

《撵茶图》局部　刘松年 画

第三讲 中国茶道核心精神：『天地人和』

《易经·系辞上传》："形而上者谓之道，形而下者谓之器。"形而上就是茶道的核心精神和思想精髓。这一精神统率了形而下的器、法和术。假如中国茶道有一个体系的话，那么，这个体系可以概括为"道、器、法、术"，"道"讲的是自然规律和社会规律，追求的是真；"器"讲的是工具，"法"讲的是方法，这两者追求的是"善"；"术"讲的是技艺，追求的是美。这四者分别代表着自然境界、人文境界、艺术境界和科学境界。

中国茶道在"道"的层面，其核心是茶道精神，这是茶道的灵魂，是茶道的宗旨和最高准则。中国茶道的精神植根于自然的本性之中，又积淀着中华人文精神，带着鲜明的中华民族文化的特征。

那么，中国的茶道精神是什么？《茶经》虽然

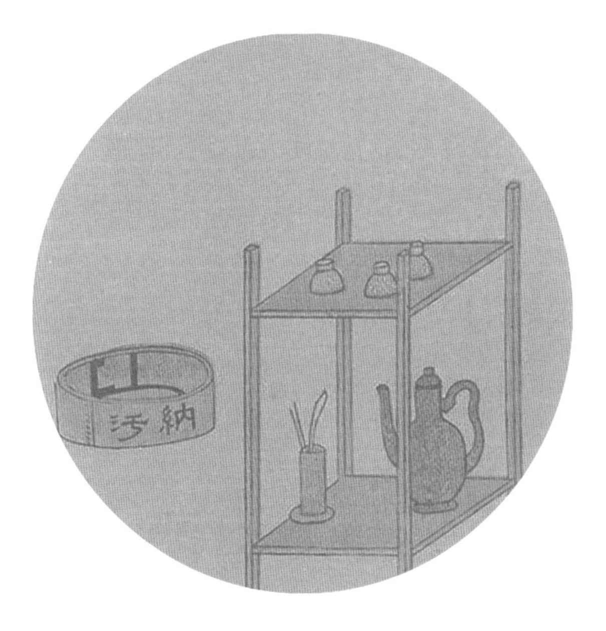

《卖茶翁茶器图》

未出现“茶道”一词，但其所阐述的内容，无不体现茶道之精神，这个精神，陆羽用四个字来概括就是：“天地人和”。

《茶经》把中华传统文化中儒、道、佛三家的思想融为一炉，汲取了三家的思想精华，创立了以“中和”为本的茶道精神。

在中国的传统文化中，儒家以茶修德，道家以茶养性，佛家以茶修心，都是通过茶净化心灵，提升境界。儒家主张通过饮茶，使人清醒、理智、平和，更多的自省、清廉，创造尊卑有序、上下和谐的理想社会。把茶品与人品统一起来，茶成为沟通自然与心灵的桥梁，体现了儒家“天人合一”的和合思想。可以说，茶是儒家入世的承载之物，他们以入世精神运用

《撵茶图》 刘松年 画

于茶事，以茶励志，以茶修德，以茶养性。

道家则把茶作为修身养性之道，认为茶是自然之精华，采天地之灵气，是去除浊气、养生健身的佳品，主张道法自然，返璞归真，尊人、贵生、恬淡。马钰在《长思仁·茶》的诗中写道："一枪茶，二枪茶，休献机心名利家，无眠未作差。无为茶，自然茶。天赐休心与道家，无眠功行加。"道家认为饮茶可以养成清静之心，去除贪图功名利禄的欲望，达到人的身心和谐。道家把茶当作忘却红尘烦恼，逍遥遁世的一大乐事，主张回归自然、亲近自然，领略人与自然"物我玄会"的绝妙感受。

佛家更是与茶结缘，渊源流长。坐、禅、定，僧人为了提神醒脑，佛家修行要念经，饮茶成为修行中不可缺少的内容。禅门公案"吃茶去"，表示"禅茶一味"，生活中有茶、茶中有禅、禅中有茶，禅的智慧便隐匿于茶中。陆羽在寺院中成长，学习煮茶，成年后又与皎然等诗僧交好，对禅茶一味有更深的体悟，佛家在饮茶中主张从简单中品悟生活的本质，从静思中领悟人生的本心，追求平静、和谐、清明、宁静的心灵世界。洛阳古道有一茶亭书写了一副对联：

“四大皆空，坐片刻不分你我；两头是路，吃一盏各走东西。”主张“和静怡真”。《礼记·中庸》中说：“喜怒哀乐之未发，谓之中；发而皆中节，谓之和。中也者，天下之大本也；和也者，天下之达道也。至中和，天地位焉，万物育焉。”和合是中华民族精神的精髓，是中华民族的理想境界，它融注于茶道的始终。

陆羽在《茶经》中继承和发扬了中国传统文化“保合太和”和“天地自然、五行和谐”的理念，寻求人与自然、人与人、人与社会的和谐统一。这种“天地人和”的内涵就是“中”，就是“度”，就是“宜”，就是“时”，就是“当”，就是恰到好处。这种茶道精神主要体现在如下几个方面。

一、茶质：讲求种、采、制的和谐统一

茶的品质首先取决于种，即品种、土壤，其次，是天时与地利。特别是土壤的肥沃程度决定了茶树的生长，因为土壤为茶树提供了养料。为此，陆羽在《茶经·三之造》中说：“茶之笋者，生烂石沃土，

长四五寸，若薇蕨始抽，凌露採焉。”意思是说，肥壮如春笋紧裹的芽叶，生长在有风化碎石的肥沃土壤里，长四五寸，当它们刚刚抽芽像薇、蕨嫩叶一样时，带着露水采摘。有什么样的水土，就种植出什么样的茶。茶叶的种植一定要选择好的土质、适宜的气候，嫩稚的茶品一定出自于风华碎石的肥沃土壤，这

《十八学士图》局部　杜堇 画

种土壤矿物质多样，养分丰富，有些含丰富的硒元素，对人体有益。这是一等的土壤和生长环境。

其次，茶叶的采摘要适时。适时，就是遵循了植物的生长规律和自然之道。陆羽在《茶经·一之源》中说："采不时，造不精，杂以卉莽，饮之成疾。"意思是说，如果茶叶采摘不合时节，制造不够精细，夹杂着野草败叶，喝了就会生病。茶采摘是否适时，决定了茶叶的质量，假如茶叶采摘不适时，制造不合法，饮之则会给人的身体带来伤害。茶叶采摘的时间是大有讲究的。陆羽在《茶经·三之造》中说："凡採茶在二月、三月、四月之间。"意思是说春天来了，万物生长，茶树长出了嫩芽，这是采摘春茶的时间。今天，我们采茶的时间是春、秋两季，春茶的质量最优。陆羽又说："茶之牙者，发于丛薄之上，有三枝、四枝、五枝者，选其中枝颖拔者采焉，其日，有雨不采，晴有云不采。"陆羽对采茶的时间提出了很高的要求，指出茶的嫩芽长在丛生的茶树枝条上，有同时抽三枝、四枝、五枝的，选择其中长得挺拔的采摘。当天下雨不采，晴天有云不采。

古代茶园采茶十分讲究，达到极致的地步，为了保证鲜叶带露，必须在日出之前就完成采茶，而且要选择嫩芽加以采摘。

再次是制茶的精致。陆羽在《茶经·三之造》中说："晴，采之，蒸之，捣之，拍之，焙之，穿之，封之，茶之干矣。"陆羽讲到制茶的七道工序，天气晴朗时采茶，放入甑中蒸熟，后用杵臼捣烂，再放到棬模中拍压成饼，接着焙干，最后穿成串，包装好，茶叶就制作完成了。陆羽在这里讲的是茶饼的制作工艺，绿茶、乌龙茶的工序有所不同，但同样讲求精致。

种、采、制三者是互相联系的，没有优质的品种、土壤和适宜的气温是不能生长出好茶的，而采摘不适时，制作不得法也不能出好茶，陆羽在这里用中庸之道把这三者统一起来，提出了适地、适时、适法的要求，是"和合思想"的具体体现。宋徽宗在《大观茶论》中提出"采择之精，制作之工，品第之胜，烹点之妙"，也强调了种、采、制、品、烹的和谐统一。

《宣化下八里辽代壁画墓·备茶图》局部

二、煮茶：茶、器、水的和谐统一

陆羽认为要煮一壶好茶，茶的质量是前提，器和水也是很重要的。只有三者的相互配合，和谐统一，才能达到煮茶的最高境界。

《红楼梦》第四十一回“栊翠庵茶品梅花雪”中讲述了妙玉论茶的故事。妙玉是一位嗜茶如命、孤寂清高的女子，对煮茶之水的研究达到了无以复加的地步。

有一天，贾母带着刘姥姥等众人来到栊翠庵，贾母道："我们才都吃了酒肉，你这里头有菩萨，冲了罪过。我们这里坐坐，把你的好茶拿来，我们吃一杯就去了。"妙玉听了，忙去煮了茶来。宝玉留神看他是怎么行事。只见妙玉亲自捧了一个海棠花式雕漆填金云龙献寿的小茶盘，里面放一个成窑五彩小盖钟，捧与贾母。贾母道："我不吃六安茶。"妙玉笑说："知道，这是老君眉。"贾母接了，又问是什么水。妙玉笑回"是旧年蠲的雨水。"贾母便吃了半盏，便笑着递与刘姥姥说："你尝尝这个茶。"刘姥姥便一口吃尽，笑道："好是好，就是淡些，再熬浓些更好了。"贾母众人都笑起来。

在这里，妙玉招待贾母用的茶具精致，茶叶也讲究，"六安茶"是绿茶，"老君眉"是黄茶，绿茶性偏寒，"老君眉"性平醇和，用的水是"蠲年的雨水"，"蠲"古同"涓"，指清洁，即洁净的雨水。

之后，妙玉又招待宝玉、黛玉、宝钗三人喝体己茶。

又见妙玉另拿出两只杯来。一个旁边有一耳，杯上镌着“𤓖瓟斝”三个隶字，后有一行小真字是“晋王恺珍玩”，又有“宋元丰五年四月眉山苏轼见于秘府”一行小字。妙玉便斟了一斝，递与宝钗。那一只形似钵而小，也有三个垂珠篆字，镌着“点犀盉”。妙玉斟了一盉与黛玉。仍将前番自己常日吃茶的那只绿玉斗来斟与宝玉。

宝玉笑道：“常言‘世法平等’，他两个就用那样古玩奇珍，我就是个俗器了。”妙玉道：“这是俗器？不是我说狂话，只怕你家里未必找得出这么一个俗器来呢。”宝玉笑道：“俗话说‘随乡入乡’，到了你这里，自然把那金玉珠宝一概贬为俗器了。”妙玉听如此说，十分欢喜，遂又寻出一只九曲十环一百二十节蟠虬整雕竹根的一个大盒出来，笑道：“就剩了这一个，你可吃得了这一海？”宝玉喜得忙道：“吃得了。”妙玉笑道：“你虽吃得了，也没这些茶糟踏。岂不闻‘一杯为品，二杯即是解渴的蠢物，三杯便是饮牛饮骡了。’你吃这一海便成什么？”说得宝钗、黛玉、宝玉都笑了……

黛玉因问：“这也是旧年的雨水？”妙玉冷笑

道："你这么个人，竟是大俗人，连水也尝不出来。这是五年前我在玄墓蟠香寺住着，收的梅花上的雪，共得了那一鬼脸青的花瓮一瓮，总舍不得吃，埋在地下，今年夏天才开了。我只吃过一回，这是第二回了。你怎么尝不出来？隔年蠲的雨水哪有这样轻浮，如何吃得。"黛玉知他天性怪僻，不好多话，亦不好多坐，吃完茶，便约着宝钗走了出来。

从以上的记载中可以看到妙玉品茶的功夫很深，不但讲究好茶、好茶具，还要有好水。雨水、雪水、朝露水，在古代都被称为"天泉"，尤其是雪水更为古人所推崇。所谓采明前茶，煮梅上雪，品茶听韵，是文人雅士的追求，讲究好茶、好器、好水。

煮出一壶好茶汤，首先要有好茶。好的茶是色、香、味、韵俱全。"色"，是指干茶的色泽和茶汤的颜色。一般来说，绿茶的茶汤黄绿而明亮，红茶的茶汤红艳明亮，乌龙茶的茶汤黄亮浓艳。"香"是指香气清雅幽香，纯正鲜美。"味"是指茶有甜、酸、苦、鲜、涩多种滋味，啜一口茶，细细品味，可以感觉绿茶的鲜爽、红茶的甘浓、乌龙茶的醇厚；一般来说，要入口轻，触舌软，过喉嫩，口角滑，流舌厚，后味甘。“韵”，是指茶的真味，韵存在于甘苦一线间 ，若能由苦转甘者为佳。鉴别茶的优劣，不仅要观其色、闻其味、品其香，还要体其韵，如铁观音品的是音韵，大红袍品的是岩韵，冻顶乌龙品的是喉韵，这才是品茶的最高境界。

潮汕工夫茶，选茶多用乌龙、武夷岩茶、凤凰单枞、安溪铁观音，皆可入壶。但潮汕人对凤凰单枞情有独钟，“凤凰茶”素以气味清香，具有形美、色翠、香郁、味甘“四绝”之成，一般而言，好茶颜色金黄，偏黑者次之。

煮一壶好茶，要有好器。陆羽在《茶经·四之器》中精心设计了烹茶、品饮的二十四种茶器，体现了和谐统一的思想。比如风炉，为生火煮茶之用，构思巧妙，设计理念来自于中庸之道。陆羽用“五行”设计茶器，风炉用铁铸从“金”，放置在地上从“土”，炉烧的木炭从“木”，木炭燃烧从“火”，风炉上煮的茶汤从水，煮茶的过程就是金、木、水、火、土五行相生相克、和谐平衡的过程。陆羽对风炉的构造做了介绍，“坎上巽下离于中”，“坎”为水，“巽”为风，“离”为火，风能使火旺，火能把水煮开，用这三个卦设计火炉，把火炉分为三个格。这是根据《易经》的象数原理确定尺寸和外形。火炉的三足还书写不同的内容，其中一足写“体均五行去百疾”，寓意和谐健体的思想。煮茶具备了金、木、水、火、土五大元素，五行相克相生，形成各种自然和人生现象。五行在人体中对应着五脏，肝、心、脾、肺、肾均衡协调，就不会生病，这表明了陆羽用茶对自然和谐、养生健体的追求。今天，我们煮茶已经没有那么讲究了，但在一些茶的故乡，煮茶的器具是很考究的。我曾在潮州的牌坊街一个茶庄饮茶，茶是凤凰单枞，水壶是铁壶，火炉用的是榄核，水用的是泉水，茶壶是紫砂茶壶，五大元素具备，煮出来的茶，色、香、味俱全。

潮汕工夫茶，以茶具精致小巧、烹制考究、以茶寄情为特点。据翁辉东《潮州茶经》称：“工夫茶之特别处，不在茶之本质，而在茶具器皿之配备精良，以及闲情逸致之烹制法。”工夫茶一般不用红茶和绿茶，而用半发酵的乌龙、宋种或铁观音，不必要上等茶，茶叶远没有茶具讲究。工夫茶的茶具，往往

《惠山茶会图》

是“一式多件”，一套茶具有茶壶、茶盘、茶杯、茶垫、茶罐、水瓶、龙缸、水钵、红泥火炉、砂铫、茶担、羽扇等，一般以12件为常见，如12件皆为精品，则称“十二宝”，如其中有8件或4件为精品，则称“八宝”或“四宝”。

煮出一壶好茶，除了茶、器之外，陆羽特别讲到“水”的协调。他强调了水质和水温。《茶经·五之煮》：“其水，用山水上，江水中，井水下。其山水，拣乳泉，石池漫流者上。其瀑涌湍漱，勿食之，久食令人有颈疾。又水流于山谷者，澄浸不泄，自火天至霜降以前，或潜龙蓄毒于其间，饮者可决之，以流其恶，使新泉涓涓然，酌之。其江水取去人远者，井水取汲多者。”这段话的意思是说：煮茶用水，以山水为最好，其次是江河水，井水最差。山水，最好选取甘美的泉水，石池中缓慢流动的水、急流奔涌翻腾回旋的水不要饮用，长期喝这种水会使人颈部生病。此外，还有一些停蓄于山谷的水虽清澈，但不流动，从炎热的夏天到秋天霜降之前，也许有虫蚊潜伏其中污染水质，要喝这种水，应先挖开缺口，让污秽有毒的水流走，使新的泉水涓涓而流，然后再汲取饮用。江河里的水，要到远离人烟的地方去取，井水则要从经常使用的井中汲取。

古代茶人煮茶用水首推泉水。唐代诗儒灵一写道：“野泉烟火白云间，坐饮香茶爱此山。”宋代诗人晏殊写道：“稽山新茗绿如烟，静挈都蓝煮惠泉。”清代词人纳兰性德写道：“何处清凉堪沁骨，惠山泉试虎丘茶。”据说陆羽品水达到了出神入化的程度，有这样的一个传说：

唐代宗时期，湖州刺史李季卿在扬州一带遇到陆羽，李大人对陆羽的茶艺仰慕已久，就邀请陆羽到湖州做客。途经扬子江边，便请陆羽煮茶，说道："陆君善于茶，盖天下闻名矣，况扬子南零水又殊绝。今日二妙千载一遇，何旷之乎。"李大人命一位军士坐船到江心取水，水取回时，陆羽以勺扬水，说这虽是长江水，但不是南零水，而似岸边的水。军士说，有好几百人亲眼看我取水，并没有作假。陆羽不说话，倒其半盆水，忽然停下，又以勺扬水，说："自此南零者矣！"军士大惊，叹服说："我自南零到岸，船一颠簸，水倒了一半，怕剩下太少，所以在岸边加了水。陆先生的鉴定真是神鉴，佩服！佩服!"李季卿及宾客顿感惊奇。

选水不但要用上等的泉水，煮水还要讲究火候。《茶经·五之煮》曰："其沸如鱼目，微有声，为一沸。边缘如涌泉连珠，为二沸。腾波鼓浪，为三沸。已上水老，不可食也。初沸，则水合量，调之以盐味，谓弃其啜余。"这段话的意思是说，煮水时，当水沸腾冒出像鱼眼般的水泡，有轻微的响声时，就是"一沸"。锅边缘四周的水泡像连珠般涌动时，称作“二沸”。当水像波浪般翻滚奔腾时，已经是“三沸”。三沸以上的水若继续煮，水就过老不宜饮用了。水刚开始沸腾时，按照水量加入适当的盐以调味，把剩下的那点水泼掉。水温对茶味的影响极大，水温要恰到好处，水不开，不能达到激活水性的作用，水太老则会产生有害物质。有的人不懂煮茶，不断地煮水，这是不科学的煮水方法。

对水的讲究，有一则关于王安石与苏轼的传说。王安石是一个精于茶道的雅士。冯梦龙《警世通言》中的“王安石三难苏学士”就讲述了这样一个故事：

有一年王安石请在黄州为官的苏轼前来叙旧，顺便捎带一瓮瞿塘中峡的水，用来冲泡阳羡茶。苏轼如约来访并带来了一瓮水，泡茶之后，王安石一见茶色，皱起眉头：“你这水是从哪里取来的？”苏轼回答：“瞿塘中峡。”王安石笑道：“此水是下峡之水。”苏轼大惊，忙问：“您是怎么分辨出来的呢？”

王安石说：“上峡的水，水性太急；下峡的水，水性又太缓；只有中峡的水是缓急相半，中和相当。故用上峡之水，茶味太浓；下峡之水，茶又太淡。唯有中峡之水，才不浓不淡，恰到好处。你看这茶，茶色半晌才开始出现，这不明摆着就是下峡之水吗？”

原来，苏轼在过三峡时，陶醉在大自然的景观中，等他回过神时，船已至下峡，只好取下峡之水，苏轼不禁叹服。

煮出好茶，还要善于用“火”。陆羽在《茶经·五之煮》中说：“其火用炭，次用劲薪。”陆羽对煮茶的燃料做了介绍。用火要以强劲而又不损茶味为重。上等的火是木炭，其次是力大强劲的木材。因为炭火火力通彻，又没有火焰，没有火焰就不会有烟，没有烟就不会侵损茶味。今天，在大城市里用火炉、木炭煮水已经很难做到，大多用电炉，火力自然没有木炭强劲，但保持达到一定的水温还是可以做到的。

在煮茶的阶段，陆羽讲述了器、水、火三者的和谐统一，体现了协调、适度的中和思想，是和谐理念在煮茶中的运用。

煮一盏好茶，要茶、器、水俱佳才能做到。上好之茶，如无水佐之，则如没有得到辅助。茶、水俱佳，如无好壶，同样无功。正如中药的方剂一样，君臣佐使要相配合，才能获得真味。有好茶、好水、好壶而无好器，同样未能体悟好茶的韵味。

茶圣陆羽

三、品茶：养生、养德、养心的和谐统一

陆羽主张品茶要把养生、养德和养心和谐统一在一起，把品茶作为物质、行为和精神的和谐统一，实现一个人身心的和谐，进而促进个人与自然、个人与社会的和谐。

首先，陆羽认为品茶是自身与自然界的融合。品茶首先是养生。他在《茶经·一之源》中说："若热渴、凝闷、脑疼、目涩、四肢乏、百节不舒、聊四五啜、与醍醐、甘露抗衡也。"意思是说，人们如果发热口渴、胸闷、头疼、目涩、四肢疲劳、关节不畅，只要喝上四五口茶，其效果与最好的饮品醍醐、甘露相当。在《茶经·七之事》，他引用《本草·木部》的话说："茗，苦荼。味甘苦，微寒，无毒。主瘘疮、利小便，去痰渴热，令人少睡。秋采之苦，主下气消食。"意思是说，茗，就是苦荼。味甘苦，性微寒，无毒，主治瘘疮、利尿、去痰、解渴、散热，使人少睡。秋天采摘的味苦，能通气，助消化。《神农本草经》中记载：

“茶味苦，饮之使人益思、少卧、轻身、明目。”现代科学的研究表明，饮茶确对人的身体有很多好处，茶能解渴提神，止渴生津，茶含有人体所需的氨基酸、蛋白质、微量元素等，对人体有较高的营养价值，还有一定的药用价值，也是一种保健饮料。饮茶可以补充人体需要的多种维生素，可以补充人体需要的蛋白质和氨基酸，可以补充人体需要的矿物质，增加免疫力，可以强身健体，甚至延缓衰老。据实验证实，一杯300mL的茶抗氧化的功能等于一瓶半红葡萄酒，茶多酚可以杀灭大肠杆菌等。有人概括了茶的多种功效：生津、和胃、消食、明目、养气、益智、美容、减肥、利尿、通便、清热、解毒、消炎、防癌、抗辐射、降血压、防治心血管疾病等。

陆羽不仅把品茶看作养生，同时与养德、养心融为一体。他在《茶经·五之煮》中说：“茶性俭，不宜广，广则其味黯澹。”他在《茶经·七之事》引用了《神农食经》：“茶茗久服，令人有力悦志。”他说《神农食经》记载：长期饮茶，使人精力饱满，心情愉悦。茶最能体现茶德以及茶人的品德。茶，利益众生，泽福天下，是“仁爱”之德；茶，经历了采、制、成的过程，历经金木水火土等诸般变化，是“刚毅”之德；茶，中气平和，泽润腑脏，太和元正，是“中正”之德；茶，集日月之精华，采天地之灵气，外形清秀，香味清幽，是“清廉”之德。人们品茶的过程，也是悟德、行德的实践。品茶还让我们领略大自然的清明空灵之意，不仅能澄心净虑，更能修心养性，享受旷达、自由的人生。

“天地人和”的核心内容是“人和”，体现在进行茶事活动时，首先要调整好自己的精神状态，以平和、谦恭的姿态去接待茶客，以礼待人；其次要以平等的态度待客，不偏不倚，给客人分茶、斟茶要恰到好处，可斟七分满，以留余地；再次是品茶时，要讲究小口细品，心神合一，体悟真味。

俗话说：“君子之交淡如水，茶人之交醇如茶。”茶如人生，人生如茶。茶者，君子也。色淡，香浅，味涩后甘，冷热适度，炎热的夏天，一杯清茶解渴消暑，寒冷的冬天，一杯清茶温暖全身。茶之不浓不淡，不近不远，不离不即，不亲不疏，浓淡适度，温暖常在，这就是“和”的境界。

种茶、制茶、煮茶到品茶的过程，体现了“天地人和”的茶道精神，尤其在茶事活动中表现得淋漓尽致。比如制茶时，焙火温度不能过高，也不能过低；泡茶时，要把握好茶量、水温和时间，达到“酸甜苦涩调太和，掌握迟速量适中”的适度之美；分茶时，要用公道杯给每位客人均匀地分茶；待客时，要符合中国礼仪规范，表现“奉茶为礼尊长者，备茶浓意表浓情”的明礼人伦；在饮茶中，要学会鉴赏、欣赏，表现“饮罢佳茗方知深，赞叹此乃草中英”的谦和之礼；在品茶的过程中，要表现“普事故雅去虚华，宁静致远隐沉毅”的平和心态。

总之，“天地人和”就是阴阳协调，保合太和之元气以普利万物的人间大道。

《山茶花图》

第四讲　茶礼：『精行俭德』

中国是礼仪之邦，素来就有客来敬茶、以茶待客、以茶会友的礼俗。这一礼俗已经成为日常生活礼仪，客来宾至，清茶一杯，以表敬意，洗风尘，叙友情，示情爱，重俭朴，去浮华，成为人们对生活的一种高尚的理解，也成为中国茶道的表现方式。

茶是纯洁、中和、美味的物质，中国的茶礼与茶德密切相关，是"真、仁、清、俭、和、敬"等茶德的体现。茶礼作为品茶人在品茶的过程中应当遵循的礼仪规范，根植于茶的核心精神，是茶道、茶德的表现形式。

陆羽在《茶经·一之源》中说："茶之为用，最宜精行俭德之人。"他在这里讲的"精行俭德"，其实表达的就是茶礼。对于"精行俭德"的理解，有人把落脚点放在俭德上，认为是致力于实行勤俭的道德。这种看法未能准确地理解陆羽的思想，我认为“俭德”是茶的内在本质，“精行”则是其表现形式，这就是精神、道德与礼仪的关系。“俭德”不仅是节约、节俭行为方式，而且也是简约、清静、谦逊的精神、情操，“精行”则是谦和、恭敬的行为规范。为此，我把“精行俭德”作为茶的礼仪内涵。

日常生活中的茶礼是社交礼仪的一部分，是中国传统文化“尊老敬上”和“和为贵”的体现，是人伦之礼。

一、茶礼的宗旨：传情

茶礼以人为中心，以茶为媒，是沟通、增进感情的一种方式，体现为表达人与人之间的“友情”，结为夫妻之间的“爱情”，和睦家人的“亲情”，是从茶汤向茶情的转化。《红楼梦》对此也有许多描述。下面，对“茶情”做一些介绍。

（一）茶友情

“有朋自远方来，不亦乐乎”，“客来敬茶”是中国人的待客之礼。宋代诗人杜耒有诗《寒夜》云：

“寒夜客来茶当酒，竹炉汤沸火初红。寻常一样窗前月，才有梅花便不同。”晋代王蒙的“茶汤敬客”，陆纳的“茶果待客”，桓温的“茶果宴客”至今仍传为佳话。在潮汕，或家人闲聚，或宾客来访，沏一壶好茶，殷勤一声“食茶”，给人亲切的感觉。对来客敬茶以示欢迎和尊敬，这是热情好客的表现，也是促进人际关系和谐的一个途径。

中国茶道无论是外在形式还是参与者的内在修养，客观上都是为了使人们在和谐、有礼、谦敬、尊重的良好氛围中，交流思想，融洽感情，增进友谊。

客到敬茶，是中国普遍的礼仪。到了清代，形成了“客至进茶，通行之礼”。《红楼梦》中凡是有亲戚朋友来，一般都有以茶待客的描写。第一回，甄士隐命小童献茶，招待贾雨村；第三回，王夫人命丫鬟捧茶招待刚来贾府的林黛玉；第二十六回，贾芸进见宝玉，袭人端来了茶，贾芸忙站了起来，笑道：“姐姐怎么替我倒起茶来？”第四十一回贾母、宝玉等人到翠栊庵，妙玉以各种名茶招待。最为隆重的以茶待客之礼是元妃省亲的时候。这位皇妃娘娘回归贾府时，那礼仪太监请元妃升座受礼，举行“茶三献”隆盛礼仪。每一次献茶都要扣头礼拜，三献之后，元妃随即降座，奏乐方止。

以茶叶作为礼品，也是一种普遍的习俗。其最大的特点是“惠而不费”“物轻意重”。《红楼梦》中“以茶赠友”的习俗描写很突出，表现为亲友之间相互赠茶。第二十回写王熙凤送暹罗贡茶给林黛玉；第二十六回写宝玉给林黛玉送茶：“丫头佳慧笑道：‘我好造化，宝玉叫往林姑娘那里送茶叶，花大姐姐交给我送去，可巧老太太给林姑娘送钱来，正分给他们丫头们呢。见我去了，林姑娘就抓了两把钱给我，也不知多少。’”第二十回写道：“冯紫英家听见贾府在庙里打醮，连忙预备了猪羊香烛茶银之类的东西送礼。”可见，茶叶成为亲朋好友之间联络感情的纽带，赠送茶叶成为人际交往的一种方式。

（二）示爱情

在传统的婚姻习俗中，有“奉茶”“交杯茶”等仪式。朱熹把这套礼仪概括为“三茶六礼”，三茶，指订婚时的“下茶”，结婚时的“定茶”和同房时的“合茶”。六礼，指由求婚至完婚的整个过程，包括纳采、问名、纳吉、纳征、请期、亲迎等六种仪式。

每一步仪式，均与茶相关，都表现着人们对待婚姻的忠诚和对爱情的珍惜。婚礼中为什么要注重茶礼？这是因为“茶”象征坚贞和多子。明人许次纾的《茶疏》说：“茶不移本，植必子生。古人结婚，必以茶为礼，取其不移植之意也。今人犹名其礼为下茶，亦曰吃茶。”因茶树移植则不生，种树必下籽，所以在古代婚俗中，茶便成为坚贞不移和婚后多子的象征，婚娶聘物必定有茶。《品茶录》说：“种茶必下籽，若移植则不复生子，故俗聘妇，必以茶为礼，义故有取。”原来，古人认识到茶树不可移植播插，只能由种子萌芽成株，所以用茶树象征坚贞不移的爱情美德，茶礼成为婚礼上不可缺少的环节。《红楼梦》第二十五回中，有王熙凤打趣林黛玉：“既吃了我们家的茶，怎么还不给我们家做儿媳妇儿？”在潮汕地区的婚礼中，有一个环节，就是新娘给家公、家婆行“敬茶礼”，通常长辈喝了“敬茶”之后，要回礼，给“红包”或首饰之类的礼品留作纪念，这个“茶礼”表达了入门媳妇的恭敬和感恩，也预示着婚后母慈子孝，阖家幸福。

茶叶还因为被视为圣洁之物，通常也作为祭祀物品，是向天地、神灵、鬼魂、先祖、菩萨表达虔诚敬意。

《红楼梦》第五十八回“茜纱窗真情揆痴理”中，宝玉听说演小旦演员药官逝去，很是悲痛，即以清茶一杯亡祭。第七十八回“痴公子杜撰芙蓉诔”中描述了晴雯死后，宝玉备了“群华蕊，冰鲛之縠，沁芳之泉，枫露之茗”致祭于晴雯，且云：“四者虽微，聊以达诚申信。”其中群华之蕊、冰鲛之縠、沁芳之泉、枫露之茗都是清净洁白之物，前三者分别象征晴雯出众的美貌、冰清玉洁的品质以及单纯直爽的性格，表达了宝玉的怀念之情。

二、茶礼的神态：恭敬

中国茶礼以“敬”为表现形式，在茶道的各种仪式和礼节中，人们通过言谈举止、环境等来凸显“恭敬”的理念，这是内心的敬意的自然流露。茶礼中的恭敬，从思想渊源上看，也是中国传统文化在茶道中的具体体现。儒家主张将“恭敬”作为待人处世的道德准则，真诚地尊重他人，并且把它作为待人的重要表现。《礼记·乡饮酒义第四十五》中说“圣立而将之以敬，曰礼”，意思是说，圣明既立，而又持之，以敬，就叫作礼。“恭敬”不仅构成了中国孝道文化的心理基点，同时也是人际交往的基本原则，是礼的体现。

在各种礼仪形式中，假如没有内心的“敬”，礼仪就会变成造作、作秀，甚至是一种虚伪。“敬”表现为对人尊敬，对己谨慎，显现为人的神态的诚恳，无轻藐虚伪之态。茶礼中的“敬”，主要是对主人而讲。主人作为东道主，以茶待客，有许多讲究，主要表现在敬茶的四个环节：备茶、取茶、敬茶、续茶。在备茶中，茶具要洁净，待宾客坐定后，询问客人是否对所饮的茶有特殊的要求。在取茶中，按照茶叶的品种决定投放量，尽量不用手抓，以免手气或杂味混杂影响茶叶的品质。在敬茶中，茶杯应放在宾客右手的前方。当宾主边谈边饮茶时，要及时添加热茶，体现对宾客的敬重。

为宾客敬茶时，要注意四个细节：一是茶浅酒满。俗话说：“酒满敬人，茶满欺人”，“茶倒七分满，留下三分是情分”，“七分茶三分情”，奉茶时倒往茶杯里的茶水不要太满，以七八分满为宜。水温不宜太烫，以免客人不小心被烫伤。如茶水满茶杯，不但烫嘴，还寓有逐客之意。二是敬茶动作。上茶时应向在座的人说声“请用茶”，再以右手端茶，从客人的右方奉上，面带微笑，眼睛注视对方并说：“这是您的茶，请慢用！”三是敬茶表情。敬茶时敬茶人的表情要温文尔雅、笑容可掬、亲切端庄，以给宾客留下良好的印象。四是敬茶顺序。要“先尊后卑，先老后少”，先为客人上茶，后为主人上茶；先为主宾上茶，再为次宾上茶；先为长辈上茶，后为晚辈上茶；先为女士上茶，后为男士上茶。

三、茶礼的表现：仪态

仪，是一种礼仪，“仪者宜也”。仪，也就是适宜。茶的礼仪体现了敬茶人和品茶人的品位与修养，是一个人学识修养、内涵气质、交际能力的外在表现。作为主人讲究“请、端、斟”，客人注意“接、端、饮”等动作。前面，在“敬”的部分已经提出了一些具体要求。在这里我主要介绍敬茶人和品茶人应注意的礼仪规范。

对敬茶人来说，在言谈举止上要注意以下几个方面：

一是不要以头泡茶待客。主人冲茶时，头泡必须冲泡后倒掉。因为头泡茶是洗茶，茶在采摘、制作、运输的过程可能附上一些杂质，故有“头冲洗茶，二冲茶叶”之称，要是让客人喝头茶就是欺侮人家。同时，“头泡茶”起着润茶的作用，茶的味道尚未散发出来，类似于“醒酒”，所以，一般弃之不喝。

二是新客来访要换茶。宾主喝茶时，中间有新客到来，主人要表示欢迎，如茶已冲泡过了三四次，应立即换茶，否则被认为“慢客”“待之不恭”。换茶叶之后的二冲茶要新客先饮。

三是不让客人喝“无色茶”。主人待茶，茶水从浓到淡，数冲之后如已淡而无味，要适时换茶，如不更换茶叶会被人认为“无茶色”。“无茶色”是对客人冷淡，不尽地主之谊。

四是不要茶满伤手。由于茶是热的，太满接手时茶杯很热，这就会使客人的手被烫，有时还会因受烫致使茶杯掉地而打碎，给客人造成难堪。

作为客人，应注意如下的礼仪：

一是适时答谢。主人为自己上茶时，在可能的情况下，应当即起身站立，或欠身点头双手捧接，并说“多谢”。不要视而不见，不理不睬。当其为自己续水时，亦应以礼相还。

二是客人喝茶提茶杯时不能任意把杯脚在茶盘沿上擦，茶喝完放茶杯要轻手，不能让茶杯发出响声，防止给人以举止粗俗之感。

三是客人喝茶时不能皱眉。这是因为主人发现客人皱眉，就会认为人家嫌弃自己茶不好，不合口味。

《茶道精神》 伯阳 画

第五讲　茶艺：『精致雅美』

中国茶道经历了一个发展过程，标志着“清饮”的三个层次：一是“饮茶”，将茶当饮料喝解渴，大碗喝茶；二是“品茶”，注重茶的色、香、味俱佳，讲究茶、水、器的和谐统一，细细品味；三是“赏茶”，讲求茶、人和环境的和谐统一，把喝茶上升为追求真、善、美的统一，从人的味觉、嗅觉、视觉上升到心觉，把喝茶作为一种精神享受和审美活动，把喝茶不仅作为满足止渴、消食、提神的需要，还作为提升人的精神境界、感悟人生真谛的追求和审美过程，这就是茶艺，茶艺是中国茶道的最高形态，是品茗的升华，是茶的生命与人的心灵的结合。

从唐代开始，“茶”与“艺”“联姻”；宋代之际，“茶艺”逐步形成完备的形态。随着宋代饮茶风气的形成，茶艺也更为精细。经过明代、清代的发展，形成了风格独特的茶艺，尤其以广东潮汕和福建漳泉等地区的工夫茶最具代表性。茶艺与茶道互为表里，饮茶有道，品茶有术。茶艺重技巧、重器具、重水茗，是茶道的载体；茶道主魂，因茶生境、生情，进而生理，茶因艺而得道，茶道是茶艺的灵魂，茶艺“以道驭艺”，茶艺是茶道的表现，载茶道而成艺，必须“以艺示道”。

在生活实践中，茶艺形成了三个层次，即技巧、艺术和审美。下面，对茶艺的三个层次做一些分析。

一、茶的技艺：精妙

茶艺首先是泡茶和饮茶的技巧。泡茶的技巧，包括茶叶的识别、茶具的选择、泡茶用水的选择等。而饮茶的技巧则是对茶汤的品尝、鉴赏，对色、香、味、韵的体味，以及待客的基本礼仪。

陆羽在《茶经》中没有出现“茶艺”一词，但对“茶艺”有精辟的论述，他在《茶经·六之饮》中说：“天育万物，皆有至妙，人之所工，但猎浅易。所庇者屋，屋精极；所著者衣，衣精极；所饱者饮食，食与酒皆精极之。茶有九难：一曰造，二曰别，三曰器，四曰火，五曰水，六曰炙，七曰末，八曰煮，九曰饮。”这段话的意思是说：天生万物，都有它最精妙之处，人们所擅长的，都只是那些浅显易做的。住的是房屋，房屋构造精致极了；穿的是衣服，衣服做得精美极了；填饱肚子的是饮食，食物和酒都精美极了。而茶要做到精致则有九大难点：一是制造，二是识别，三是器具，四是用火，五是择水，六是烤炙，七是研末，八是烹煮，九是品饮。陆羽在这里讲的极致，其实是在讲茶艺，这也是中国茶艺的最初表达。

陆羽在《茶经》中主张清饮，他认为人在吃、住、穿上虽然可以做到精致的程度，但很难达到精妙。他讲到了技巧上有九难，即造茶、制茶器、造火、用水、炙茶、碾茶、煮茶、饮茶，即从采摘制作茶叶开始直至饮用的全过程，假如有一个环节做得不适当，都不能体悟到饮茶的精妙。

品饮茗茶要看一个人的技艺，俗话说“三分解渴，七分品”。精妙的茶艺必须具有精茶、真水、活火、妙器。通过色、香、味、形分辨茶品的高下，通过清、活、轻等辨别水品的优劣，用紫陶为最好的茶器。

在茶艺的品鉴中，要看茶的形状，凡是质地匀齐、紧实、干燥为好茶；要看茶的色泽，好茶必须是清澈、鲜艳、明亮；要看茶的香味，不能有陈味、霉味和其他异味，饮用要有滋味，浓烈、鲜爽、醇厚为好茶。

在品茶的过程中，要三回味：一是舌根回味甘甜，满口生津；二是齿颊回味，甘醇留香；三是喉底回味，气脉畅通，好像五脏六腑都得到滋润，使人心旷神怡，飘然欲仙。还要善于品味，细细地做到品茶六味，即轻：入口轻扬，过舌即空；甘：后味回甘；滑：口感爽滑；嫩：无粗老之感；软：无生硬之感；厚：无淡薄之感。

潮汕的工夫茶之功夫，全在茶之烹法，虽有好的茶叶、茶具，而不善泡，也全功尽废。潮汕工夫茶的烹法，有所谓“十法”，即活火、虾须水、拣茶、装茶、烫盅、热罐、高冲、盖沫、淋顶与低筛。也有人把烹制工夫茶的具体程序概括为：“高冲低洒，盖沫重眉，关公巡城，韩信点兵”，或称“八步法”。

工夫茶茶艺的最大亮点是把“关公巡城”“韩信点兵”作为独特的冲泡环节，使它们成为潮州工夫茶的独有程式。

二、茶的艺术：雅趣

茶以独特的色、香、味、形、韵，给文人墨客无限的艺术灵感，成为他们表现的重要载体，品茶成为增添其生活情趣的重要手段。从而涌现了茶的诗词、歌赋、对联、成语、谜语、书画以及斗茶会、行茶会等娱乐方式。

陆羽在《茶经·七之事》中摘录了不少茶诗，在最后《茶经·十之图》用图画的形式展示了茶的起源、采制工具、制茶方法、煮饮器具、煮茶方法、茶事历史、产地等内容。下面，我对具有典型意义的茶诗、茶赋、茶联、茶成语和斗茶会做一些介绍。

（一）茶诗

由于茶具有大自然之美，具有提神益思的功能，饮茶使人心旷神怡，产生对自然美、生活美、道德美、心灵美的联想，因而自古以来，茶就成为诗歌吟咏的对象。

诗意茶香，是茶艺的主要表现。古代的许多诗人创作了大量以茶为主题或在吟咏中涉及茶事的诗。

《诗经》是中国历史上第一部诗歌总集，其中收录多首与茶相关的诗作。如《谷风》："行道迟迟，中心有违。不远伊迩，薄送我畿，谁谓荼苦，其甘如荠。宴尔新昏，如兄如弟。"意思是：迈步出门慢腾

《事茗图》局部　唐寅 画

腾，脚儿移动心不忍。不求送远求送近，哪知仅送到房门。谁说苦菜味最苦，在我看来甜如荠。你们新婚多快乐，亲兄亲妹不能比。

陆羽在《茶经·七之事》中选录了几位诗人写的茶诗，第一首是左思写的五言诗《娇女诗》，诗云：

吾家有娇女，皎皎颇白皙。

小字为纨素，口齿自清历。

有姊字惠芳，眉目粲如画。

驰骛翔园林，果下皆生摘。

贪华风雨中，倏忽数百适。

止为茶荈铄，吹嘘对鼎䥶。

左思写的《娇女诗》原诗共五十六句，陆羽在这里仅录十二句，其中个别字与原诗所载不同。诗的大意是：我家有娇女，肤色很白净。小妹叫纨素，口齿很伶俐。姐姐叫惠芳，眉目美如画。跳跑园林中，未熟就摘采。爱花风雨中，顷刻百进出。心急欲饮茶，对炉直吹气。

左思在《娇女诗》中描写了姐妹二人聪明活泼、无忧无虑、嬉戏好动的性格。她们的嬉闹因煮茶而停止，姐妹俩人对着茶鼎的炉火使劲吹气的神态，栩栩如生。

第二首是张孟阳的《登成都楼》，诗云：

借问扬子舍，想见长卿庐。
程卓累千金，骄侈拟五侯。
门有连骑客，翠带腰吴钩。
鼎食随时进，百和妙且殊。
披林采秋橘，临江钓春鱼。
黑子过龙醢，果馔踰蟹蝑。
芳茶冠六清，溢味播九区。
人生苟安乐，兹土聊可娱。

张孟阳原诗三十二句，陆羽仅摘录后面的一半。诗的大意是：请问扬雄的故居在何处？司马相如是哪般模样？程郑、卓王孙两大豪门积累巨富，骄横奢侈可比王侯五家。他们的门前经常有连骑而来的贵客，镶嵌翠玉的腰带上佩挂名贵的刀剑。家中钟鸣鼎食，各种各样新鲜、美味、精妙无比。秋季走进林中采摘柑橘，春天可在江边把竿垂钓。黑子鱼肉的美味胜过龙肉之酱，瓜果做的菜肴鲜美胜蟹酱。芳香的茶茗胜过各种饮料，美味盛誉，传遍全天下。如果寻求人生的安乐，成都这块乐土还是能够让人们尽享欢乐的。

张孟阳即张载，西晋文学家，在诗中他用“芳茶冠六清，溢味播九区”高度地对茶加以赞扬。“六清”指《周礼》中记载的水、浆、醴、凉、医、酏六种饮料，张载认为茶比这六种饮料都好。“九区”就是九州，“溢味播九区”是说这茶的美名已经传遍九州了。

第三首是孙楚的《出歌》，诗云：

茱萸出芳树颠，鲤鱼出洛水泉。

白盐出河东，美豉出鲁渊。

姜桂茶荈出巴蜀，椒橘、木兰出高山。

蓼苏出沟渠，精稗出中田。

这首诗的大意是：茱萸出于佳树顶，鲤鱼产于洛水泉。白岩出产于河东，美豉出于鲁地湖泽。姜、桂、茶荈出产于巴蜀，椒、橘、木兰出产在高山。蓼苏生长在河渠，精米出产于田中。

孙楚是西晋诗人。“茶荈出巴蜀”也是说茶的产地。巴蜀指中国西南四川盆地一带，这个说法符合历史事实，茶起源于我国的西南地区。

李白、杜甫、白居易、刘禹锡和卢仝等著名诗人都写下了富有哲理的茶诗。

李白听说荆州玉泉真公，因为饮一种名叫“仙人掌”的茶，虽已年过八旬，仍面如桃花。他在得到玉泉寺为僧的侄儿赠送的“仙人掌”茶后写道：“常闻玉泉山，山洞多乳窟。仙鼠如白鸦，倒悬清溪月。茗生此中石，玉泉流不歇。根柯洒芳津，采服润肌骨。”这首诗把茶的保健作用描写成一个神话。

杜甫在一首诗中写道：“落日平台上，春风啜茗时。石栏斜点笔，桐叶坐题诗。”诗人把他同友人品茶心情之愉悦，环境之优美，写得如同一幅高雅清逸的品茗图。

白居易流传下来的茶诗有50多首。他曾在庐山结草堂而居，过着架岩结茅屋、断壑开茶园的隐居生活，成为对茶叶生产、采制、煎煮与鉴别样样精通的行家，并引以为豪。他在《谢李六郎中寄新蜀茶》诗中说：“不寄他人先寄我，应缘我是别茶人。”诗人自称是鉴别茶叶的行家。

唐人元稹写的一首一字至七字诗《茶》呈现的是有趣的“宝塔形”，诗云：

茶

香叶，嫩芽。

慕诗客，爱僧家。

碾雕白玉，罗织红纱。

铫煎黄蕊色，碗转曲尘花。

夜后邀陪明月，晨前独对朝霞。

洗尽古今人不倦，将知醉后岂堪夸。

短短的55个字，从茶的自然性状、茶碾罗织、煎煮过程、饮茶情趣直至茶功做了全面咏唱。从茶的本性说到人们对茶的喜爱；从煮茶说到饮茶的习俗；从茶醒神到醒酒的功用。尤其是“慕诗客，爱僧家”更是将茶拟人化了，“爱僧家”道出了茶与禅宗的密切渊源。僧人以茶敬施主，以茶供佛，以茶助禅功，僧人坐禅以茶驱睡意，有助于提高禅功，达到幽寂的境界。随着茶文化的对外传播，“寂”字已被一衣带水的近邻日本引为日本茶道精神之一。

在众多的茶诗中，唐代卢仝的《七碗茶歌》（又名《走笔谢孟谏议寄新茶》）最为知名，是茶诗的代表作。全诗如下：

日高丈五睡正浓，军将打门惊周公。

口云谏议送书信，白绢斜封三道印。

开缄宛见谏议面，手阅月团三百片。

闻道新年入山里，蛰虫惊动春风起。

天子须尝阳羡茶，百草不敢先开花。

仁风暗结珠蓓蕾，先春抽出黄金芽。

摘鲜焙芳旋封裹，至精至好且不奢。

至尊之余合王公，何事便到山人家？

柴门反关无俗客，纱帽笼头自煎吃。

碧云引风吹不断，白花浮光凝碗面。

一碗喉吻润，两碗破孤闷。

三碗搜枯肠，唯有文字五千卷。

四碗发轻汗，平生不平事，尽向毛孔散。

五碗肌骨清，六碗通仙灵。

七碗吃不得也，唯觉两腋习习清风生。

蓬莱山，在何处？

玉川子，乘此清风欲归去。

山上群仙司下土，地位清高隔风雨。

安得知百万亿苍生命，堕在巅崖受辛苦！

便为谏议问苍生，到头还得苏息否？

卢仝的《七碗茶歌》分为三个部分，从茶的物质层面，到茶的精神层面，再到茶农的苦难，写了饮茶的特殊感觉和对现实社会的关心。

第一部分是诗的“缘起”，交代故事的起因。“日高丈五睡正浓”到“手阅月团三百片”，写卢仝收到孟谏议将军送来新茶，新茶用白绢包裹再盖三道红印，可见茶的珍贵，“见字如面”，看完书信之后便亲手检点朋友送来的月团茶。

第二部分描写茶叶的采制。从“闻道新年入山里”到“白花浮光凝碗面”，写了茶的采摘和焙制，用“至精至好且不奢”，彰显了茶的精致与友谊的深厚。

第三部分描写了饮茶的感受，从“一碗喉吻润”到“唯觉两腋习习清风生”，从解渴、破闷到激发创作欲望，释放内心沉重的压抑，一直到百虑皆忘，飘摇欲仙；“孤闷”“枯肠”“唯有文字五千卷”和

《七碗茶歌》　古锦其　画

“平生不平事”等词句写出了卢仝对自己、对社会的无限感慨，感叹自己学富五车却只是一介隐士，与“肥肠”的王公贵族形成对比，表达对现实的不满。这部分是这首诗的精华内容，卢仝写出了饮茶从生活感受到心理感受的过程，“平生不平事，尽向毛孔散”，写出了豁达的心境。

第四部分也就是最后五句诗，写了卢仝饮茶的感触，该部分表现出了诗人对社会的关心，对人民的同情，以及希望改变现状的美好心愿。“安得知百万亿苍生命，堕在巅崖受辛苦”表达了他的家国情怀。这一部分是全诗的思想升华。卢仝的这首诗优美空灵，直抒胸臆，尽情抒发了对茶的热爱与赞美。苏东坡说“何须魏帝一丸药，且尽卢仝七碗茶”，可见他对卢仝茶诗之仰慕与推崇。卢仝以茶诗闻名天下，这首《七碗茶歌》奠定了其在茶坛中的地位，被誉为茶仙、茶痴而与茶圣陆羽齐名。

将酒和茶揉和得最好的还是苏东坡：“宛如银河下九天，钢斧劈开山骨髓，轻钩钓出老龙涎，烹茶可供西天佛，把酒能邀北海仙。”

（二）茶赋

茶赋较有代表性的是晋代杜育的《荈赋》，唐代顾况的《茶赋》，宋代黄庭坚的《煎茶赋》，我认为唐代顾况的《茶赋》较好，故在这里仅介绍他的《茶赋》。

顾况，别号华阳山人，晚字逋翁。至德二年（757），顾况进士及第。作为中唐时期的才子，与茶相知相交，此《茶赋》较之于杜育的《荈赋》，不仅有异曲同工之妙，亦是一篇神来之笔的佳作。

原文如下：

稷天地之不平兮，兰何为兮早秀，菊为何兮迟荣。皇天既孕此物兮，厚地复糅之而萌。惜下国之偏多，嗟上林之不至。如玳筵，展瑶席，凝藻思，间灵液，赐名臣，留上客，谷莺啭，泛浓华，漱芳津，出恒品，先众珍，君门九重，圣寿万春，此茶上达于天子也；滋饭蔬之精素，攻肉食之膻腻。发当暑之清吟，涤通宵之昏寐。杏树桃花之深洞，竹林草堂之古寺。乘槎海上来，飞赐云中至，此茶下被于幽人也。《雅》曰："不知我者，谓我何求？"可怜翠涧阴，中有碧泉流。舒铁如金之鼎，越泥似玉之瓯。轻烟细沫霭然浮，爽气淡云风雨秋。梦里还钱，怀中赠袖。虽神妙而焉求。

这首赋阐述了茶的功用，上达于天子，下被于幽人。天地之大，尚有诸多不平事，譬如为何兰花早吐芳而菊花却迟迟绽放呢？上天造化，孕育出茶这样一种极具灵性的植物，和其他植物一样生长在沃土而萌芽。文章先假借天地不公平实则在赞叹自然界赐给人类这等灵物的同时，也告诉人们自然界的季节性是何等分明。接着，文章以令人叹惋的口吻叹道：南国许多地方多有茶树生长，而天子脚下的北国却不见茶树生长。此处的“下国”与“上林”可有多种解读：平民之地与权贵之地，北方与南方，北国与南国，等等。然后作者用略带羡慕的口气描绘着茶的“造化钟神秀”，却又生长在“下国”。

作者以大段的骈文和对比的方法分别铺陈出茶恩泽四方的魅力——于玳筵瑶席，伴灵液美酒，与名臣上客，贺君门圣寿，这是茶“上达于天子”的隆重展示。滋精素，攻膻腻，发夏日之清吟，涤昏寐，于杏花丛中，桃花洞里，竹林草堂古寺中，这是茶“被于幽人”的深情演绎。结尾处则引《诗经·王风·黍离》中的“不知我者，谓我何求？”之句来表达知音难觅。理解“我”的人，说“我”是心中忧怨；不能理解“我”的人，问“我”寻求什么，这表现了一个思想者的孤独和对人类前途、命运的无限忧思。

文章最后用正话反说的方式来表明隐逸山林、宁静淡泊才是自己的追求，于山野之间即可观涧边幽草、飞泉直泻，有茶炉与越瓯随伴左右，看茶烟袅袅，观细沫漂漂，闻清香阵阵，听山风习习。在“爽气淡云风雨秋”境界里，何须常怀“梦里还钱，怀中赠袖”之叹呢？茶有如此神妙之处，人生还有何求呢？

（三）茶联

茶联也是茶艺中的一种艺术形式，内容丰富，形态各异，丰富多彩，寓意深长。“茶馆”和“茶亭”如无“茶联”，则无品位。茶联大致有如下的表现形式：

一是以茶名入联。如“清泉烹雀舌，活水煮龙团”，雀舌和龙团均为茶名。又如“入山无处不飞翠，碧螺春香万里醉”，直接把茶名嵌进去，让人们感受到茶绿花红、馨气扑鼻的自然意境和名茶的品茶意韵。

二是寓情于景，寄情于茶。如“一杯小世界；品尝人世情”，“美酒千杯难成知己；清茶一盏也能醉人。”

三是运用谐音、回文等修辞手法，将友情、意境与人名、茶馆名巧妙地组合在一起，意味无穷。如“一盏清茶，解解解解元之渴；五言施对，施施施施主之财。”“解元”是古代称乡试第一名的人。“施主”指向寺院施舍财物的信徒。对联的意思是：一盏清茶，解解（动词叠用）解（姓）解元（人物身份）之渴；五言施对，施施（动词叠用）施（姓）施主（人物身份）之财。又如“客上天然居，居然天上客”，这是回文对联。“天然居”是旧北京的一处茶馆名。

四是运用拆字，极尽汉字之妙的拆字联。四川潜江竹仙寺茶楼有一则茶联：“品泉茶三口白水，竹仙寺两个山人”，“品”是三口，“泉”是白水，故上联为“品泉茶三口白水”。“竹”是两个“个”，“仙”是山加单人旁，故下联为“竹仙寺两个山人”。下联不仅写出了茶楼的名称，而且讲明了寺的性质，读来妙趣横生。

五是蕴含哲理性的长联。如："为名忙，为利忙，忙里偷闲，喝杯茶去；劳心苦，劳力苦，苦中作乐，拿壶酒来。"

（四）茶成语

有"茶"字的成语很多，这里列举常见的成语，如"茶饭无心"，表示没有心思喝茶吃饭，形容心情焦虑不安；"酒余茶后"指随意消遣的空闲时间；"不茶不饭"，指不思饮食，形容心事重重；"残茶剩饭"，形容残留下的一点茶水，剩下来的一点食物；"茶余饭后"，泛指休息或空闲的时候；"粗茶淡饭"，粗：粗糙、简单，淡饭：指饭菜简单，形容饮食简单，生活简朴；"三茶六饭"，比喻招待客人非常周到；"家常茶饭"，指家庭中的日常饮食，多用以比喻极为平常的事情；"浪酒闲茶"，指风月场中的吃喝之事；"榷酒征茶"，征收酒茶税，亦泛指苛捐杂税。"三茶六礼"，指明媒正娶。我国旧时习俗，娶妻多用茶为聘礼，所以女子受聘称为受茶；六礼，即婚姻据以成立的纳彩、问名、纳吉、纳征、请期、亲迎六种仪式。

“茶”的艺术形式还有歌舞、茶谜、茶谚、书法、绘画等，这里就不一一介绍了。

（五）斗茶会

斗茶会是一种民俗活动和娱乐方式，具有娱乐性和趣味性。斗茶是民间赛事，宋徽宗赵佶痴迷于茶艺，挖空心思地弄出花样来品茶、论茶，甚至是斗茶。他在《大观茶论·序》里说：“天下之士，励志清白，竟为闲暇修索之玩，莫不碎玉锵金，啜英咀华，较筐箧之精，争鉴裁之别。”在大规模的斗茶比赛中，最终胜出的茶，就称为皇茶了。宋代在宋徽宗的倡导下，斗茶之风日益盛行，产茶和制茶的工艺也得到极大的提高。可见，斗茶会功不可没。今天许多产茶区很少举办这类活动，假如从传播、推广的角度看，不失为一种好的形式。当然，可以根据时代的不同，融入新的内容和新的艺术形式，把艺术表演、茶品比拼、茶道展示融为一体，成为推广中国茶道的一种好形式。

北宋文学家范仲淹的《和章岷从事斗茶歌》（简称《斗茶歌》）是一篇全面介绍斗茶的代表性作品，堪称宋代茶诗的奇制。原文如下：

年年春自东南来，建溪先暖冰微开。
溪边奇茗冠天下，武夷仙人从古栽。
新雷昨夜发何处？家家嬉笑穿云去。
露芽错落一番荣，缀玉含珠散嘉树。
终朝采掇未盈襜，唯求精粹不敢贪。
研膏焙乳有雅制，方中圭兮圆中蟾。
北苑将期献天子，林下雄豪先斗美。
鼎磨云外首山铜，瓶携江上中泠水。
黄金碾畔绿尘飞，碧玉瓯中翠涛起。
斗茶味兮轻醍醐，斗茶香兮薄兰芷。
其间品第胡能欺？十目视而十手指。
胜若登仙不可攀，输同降将无穷耻。
吁嗟天产石上英，论功不愧阶前蓂。
众人之浊我可清，千日之醉我可醒。
屈原试与招魂魄，刘伶却得闻雷霆。
　　卢仝敢不歌，陆羽须作经。
　　森然万象中，焉知无茶星？
商山丈人休茹芝，首阳先生休采薇。
长安酒价减百万，成都药市无光辉。

不如仙山一啜好，泠然便欲乘风飞。

君莫羡花间女郎只斗草，赢得珠玑满斗归。

全诗共六韵二十一联，一气呵成，首尾相应，读来畅快淋漓。前七联两联一转韵，从建溪茶产地、种植、采摘、制作，到北苑民间斗茶，一路写来，如春日行山阴道中，自是风光无限。诗歌开篇即说建溪茶得来不易，是“武夷仙人”移栽过来的，因此称作“奇茗”。

宋代设福建路转运使，负责贡焙之事。丁谓、蔡襄、宋子安、贾青、郑可简等先后漕闽，专修贡焙，北苑茶从此成为茶中绝品，有大小龙团、密云龙、龙团胜雪等名号。

“研膏焙乳有雅制，方中圭兮圆中蟾”，这两句描写北苑贡茶制作情况。宋代制作团茶尤其讲究，茶叶经过蒸青之后，要经入榨、研磨、过黄等程序，去除茶叶草青气和茶膏，惟留馨香甘淡。因而唐宋时期茶叶以甘香为主，被誉为“甘露”。《斗茶歌》中的“方中圭兮圆中蟾”，是说方形的茶饼如玉圭，圆形的茶饼如月蟾，都是用来形容茶饼形状的。

“鼎磨云外首山铜，瓶携江上中泠水。黄金碾畔绿尘飞，碧玉瓯中翠涛起”，两联四句，具体描写斗茶过程。宋代斗茶煎水用瓶，取火用炉，鼎是炉的雅称。“瓶携江上中泠水”，是用来形容水的珍贵。“黄金碾畔绿尘飞，碧玉瓯中翠涛起”，具体描写点茶景象。斗茶又称茗战、点试、斗试、斗碾等，和点茶技法接近。通过对茶汤香气、滋味以及是否“咬盏”的较量来斗出高下。斗茶除了相较水痕之外，最重要的是比试茶香茶味。《大观茶论》论茶香味道：“夫茶，以味为上，香甘重滑，为味之全。”“茶有真香，非龙麝可拟。”宋代斗茶首重香味，以香气清幽、滋味甘滑为尚，然后再看汤花“咬盏”的情况，已定输赢。

今天，有些茶产区为了推介本地的茶品牌，也举办了“茶会”，但大都是产品的推介会，缺乏融入思想内涵和艺术形式。真正的茶会应是茶品的比赛、茶艺的表演，诗、书、画、乐的表演，使茶会成为一种艺术的盛会，同时，融入地方特色文化，把茶文化与地方习俗文化结合起来，逐步形成特定的内容、形态，而成为一个“非遗”的项目。

三、茶的境界：审美

茶之为美，在绿色生命之饮，美意延年之寿，优美茶艺之精；在茶韵之流香，器韵之清雅，君子之美德，人生之甘苦；在仁爱之笃诚，河岳之英灵，社稷之和谐，故国之安宁。“茶艺”的“美”为最高境界，人们冲泡茶叶，飘香四溢，入口浓香，体现了味觉和嗅觉的美。茶艺中所讲究的端庄典雅，环境的静谧雅致，是视觉的美。茶艺中仪式规范、言谈举止、从容有度、仪态万方、温馨和谐，这不光体现了外在的形式美，也体现了内在的心灵美和境界美。所以茶艺就是以茶为美，充分展示茶的自然美和人性美的规范和程序。

美产生于懂得欣赏的眼光里。茶，美在爱茶人的眼中，也美在爱茶人的心中。茶是活物，吸收了水的灵气，吸收了原产地美景的灵气；它吸收了天地云雾的精华，吸收了日夜星辰的精气。茶之美是在水中缓缓绽放的美。

茶本身的色、香、味、形，从视觉、嗅觉、味觉、触觉上，再升华为心觉，给人们以感官和精神的享受。在茶艺中，这个审美境界表现为如下的几个“美”：

一是人之美。人是万物之灵，是自然美的最高形态，也是社会美的核心。在茶艺的诸要素中，茶由人制，境由人造，水由人鉴，茶具器皿由人选择组合，

《文会图》局部　张大千　画

茶艺程式由人编排演示，人是茶艺最根本的要素，也是最美的要素。为此，作为茶的主人必须讲求仪表美、形体美、服饰美、风度美、神韵美、语言美。

二是器之美。一只雕花的天青茶杯，一把古朴雅致的紫砂壶，看似不经意间的相遇，却是不可分割的组合。茶器美在素雅、安静、广润、细腻，美在简单、真实、素净、温润。人生一个快乐的事情就是，在某一天，同时遇见好茶、好器、好水和好茶友，共聚一室，细细品味每一道茶，既品味茶之清香甘涩，又领略茶器的精美，感悟生活之美好。

三是境之美。唐代诗人王昌龄在《诗格》中说："神之于心，处身于境，视境于心，莹然掌中，然后用思，了然境象。故得形似。"其后，中国诗学一贯主张一切景语皆情语。融情于景，寓景于情，情景交融，出雅安适。中国茶艺要求在品茶时要做到环境、艺境、人境、心境俱美。环境的美要清、静、雅。

唐代"大历十才子"之一的钱起，写了一首《与赵莒茶宴》诗："竹下忘言对紫茶，全胜羽客醉流霞。尘心洗尽兴难尽，一树蝉声片影斜。"诗歌描写了茶宴的环境，幽篁丛中，绿荫之下，香茗洗净凡心，荡涤尘埃，与宴之人兴难尽，一直喝到夕阳晚照，蝉鸣声声，妙趣横生。饮茶无非是环境、人际、茶水三个方面的高度融合，人与环境要“天人合一”，人与人之间要志趣相投，彼此默契。

饮茶要求茶室窗明几净、简朴自然、格调高雅、气氛温馨，给人以亲切感和舒适感。

艺境之美要以“六艺助茶”。六艺指琴、棋、书、画、诗和金石古玩的收藏和鉴赏。今天，茶艺主要与音乐结合，通常在品茶中欣赏音乐的演奏。高级的茶道表演，通常把茶道、乐道、香道揉合在一起。

人境之美是指品茶时的人文环境。明代张源在《茶录》中写道：“饮茶以客少为贵，客众则喧，喧则雅趣乏矣。独啜曰神，二客曰胜，三四曰趣，五六曰泛，七八曰施。”的确，品茶的人数要适度。陆羽在《六之饮》中也说：“夫珍鲜馥烈者，其碗数三，次之者，碗数五。若坐客数至五，行三碗。至七，行五碗。若六人已下，不约碗数，但阙一人，而已其隽永补所阙人。”这段话的意思是说：精美新鲜芳香浓烈的茶，只有三碗。其次是一炉煮五碗。假若座上客人达到五人，就分舀三碗；座客达到七人，就以五碗均分；假若六名以下，就不必估量碗数，只要按少一个人计算，用“隽永”那瓢水来补充所少算的一份。品茶的人数确不能过多。

潮汕地区的工夫茶，讲究“一盅三杯”“茶三酒四游玩二”。潮汕人认为饮茶以三人共饮为佳。《茶疏·论客》中说：“惟素心同调，彼此畅适，清言雄辨，脱略形骸，始可呼童篝火，汲水点汤。量客多少，为役之烦简。三人以下，只热一炉；如五六人，便当两鼎炉。”一同饮茶的人，必须志趣相投且人不能过于庞杂。之所以用三杯茶是为了保证茶汤的浓度。三杯茶还要排成一个“品”字的形状，寓意品茶的含义。

心境之美是指品茶是心灵的放松、歇息，心的放牧，因此，要力求做到闲适、清净、舒畅，在品茶中感悟人生，一苦、二甘、三淡，在品茶中品人生，在品茶中修心养性。

中国茶道是一种自然之道，茶是大自然给人类的恩赐，凝结着天地灵气，它以“真”作为起点，要求真茶、真香、真味，也要求对人真心、真情、真诚；中国茶道是修身养性之道，在品茶的过程中贯穿着一个核心：“善”，修养和、敬、清、静的品性；中国茶道也是艺术之道，在品茶的过程中表现美、欣赏美、创造美，寻求高尚的艺术享受。总之，中国茶道是“真、善、美”的融合与统一，是一种生活方式，是一种修身的途径，也是文化艺术的创作，让我们从陆羽的《茶经》中吸收精神营养，传承和光大中国茶道！

参考文献

［1］陆羽. 茶经[M]. 北京：中华书局，2019.
［2］张顺义. 中华茶道[M]. 北京：线装书局，2016.
［3］李丹. 茶文化[M]. 呼和浩特：内蒙古人民出版社，2005.
［4］罗军. 图说中国茶典[M]. 北京：中国纺织出版社，2012.